重要电力客户供用电
安全管理

国网山西省电力公司营销服务中心　编著

中国水利水电出版社
www.waterpub.com.cn
·北京·

内 容 提 要

本书规范统一各类标准，旨在提升一线员工对重要电力客户的优质服务水平和用电安全管理工作水平。全书共分九章，主要包括：客户定级管理、基础台账管理、供用电合同管理、检查周期管理、现场检查、检查结果告知及隐患整改、保电及应急演练管理、风险防范及典型案例。

本书严格遵循电力营销相关法律法规、规章制度、标准、规程等，对重要电力客户定级的标准流程、现场检查要求、隐患治理、资料整理及归档等，进行详细阐述，为供电企业广大营销专业工作人员开展重要电力客户供用电安全管理工作提供参考。

图书在版编目（CIP）数据

重要电力客户供用电安全管理 / 国网山西省电力公司营销服务中心编著. -- 北京 : 中国水利水电出版社, 2023.9
ISBN 978-7-5226-1806-7

Ⅰ. ①重… Ⅱ. ①国… Ⅲ. ①电力工业－工业企业－安全管理 Ⅳ. ①TM08

中国国家版本馆CIP数据核字(2023)第182910号

书　　名	**重要电力客户供用电安全管理** ZHONGYAO DIANLI KEHU GONG－YONG DIAN ANQUAN GUANLI
作　　者	国网山西省电力公司营销服务中心　编著
出版发行	中国水利水电出版社 （北京市海淀区玉渊潭南路1号D座　100038） 网址：www.waterpub.com.cn E-mail：sales@mwr.gov.cn 电话：(010) 68545888（营销中心）
经　　售	北京科水图书销售有限公司 电话：(010) 68545874、63202643 全国各地新华书店和相关出版物销售网点
排　　版	中国水利水电出版社微机排版中心
印　　刷	清淞永业（天津）印刷有限公司
规　　格	184mm×260mm　16开本　10.5印张　118千字
版　　次	2023年9月第1版　2023年9月第1次印刷
印　　数	0001—3000册
定　　价	**88.00**元

凡购买我社图书，如有缺页、倒页、脱页的，本社营销中心负责调换

编　写　组

主　编　丁　龙

副主编　靳王岗

参　编　乔科华　刘　斌　石　军　薛　华
张　伟　王雪瑶　张世懿　李慧敏
杨　洋　马　民　赵　凯　杨　帅
弓俊才　朱志瑾　张俊伟　曹　琼
薛建立　李文转　马俊方　贾　勇
张　丹　雷　晶

前 言

为贯彻中央对安全生产及营商环境工作要求，履行供电企业公益性社会服务主体责任，实现向客户提供安全、可靠、稳定的高质量电力供应保障，就需要供电企业在提升自身安全管理水平的基础上，构建并优化供用电市场的营商环境，同时针对新形势下的重要电力客户供用电安全管理工作要求，依据市场形势和客户需求的不断变化及时调整自身工作思路和工作方法，降低客户端隐患对电网安全运行造成的影响，最终实现供电企业供用电自身安全和面向客户用电服务的安全管理双提升。

为此，为规范统一各类标准，提高指导帮助供电公司广大站所一线用检员工的工作效率，解决当前工作中对重要电力客户供用电安全管理工作中存在的定级标准不一、用电检查不规范、隐患整改督促难度大等突出问题，提升一线员工对重要电力客户的优质服务水平和用电安全管理工作水平。国网山西省电力公司营销服务中心组织有关专家，在已经积累的重要电力客户用电检查工作经验基础上，根据《中华人民共和国电力法》、《电力供应与使用条例》、GB/T 29328—2018《重要电力用户供电电源及自备应急电源配置技术规范》等有关规定，内容注重实用性、先进性，结合目前山西省重要电力客户供用电安全管理实际情况，以客户定级管理、基础台账管理、供用电合同管理、检查周期管理、现场检查、检查结果告知及隐患整改、保电及应急演练管理、风险防范及典型案例等九个章节为框架，特编制《重要电力客户供用电安全管理》一书，以对重要电力客户定级的标准流程、现场检查要求、隐患治理、资料整理及归档等进行详细阐述，从而为供电企业广大营销专业工作人员开展重要电力客户供用电安全管理工作提供参考。

由于时间仓促以及编写水平有限，书中疏漏之处，恳请广大读者批评指正。

编者

2023年9月

目　录

第一章

客户定级管理

本章依据GB/T 29328—2018《重要电力用户供电电源及自备应急电源配置技术规范》中关于重要电力客户的级别标准、供电电源配置与自备电源配置要求，结合《山西省电力公司重要客户分级管理办法》中对重要电力客户定级流程的规定，编制客户定级管理。

客户定级管理主要介绍了重要电力客户的等级标准、定级流程、供电电源配置与自备应急电源配置四个部分，其中定级流程是指重要电力客户申请、拟定、审批、存档、报送等一系列工作，阐述供电公司如何协助政府部门审核重要电力客户的不同等级。

第一节 重要电力客户的等级标准

重要电力客户指在国家或者一个地区（城市）的社会、政治、经济生活及环境保护中占有重要地位，中断供电将危及公共安全和人身安全、造成重大社会政治影响，对环境产生严重污染、带来重大经济损失的用电单位，和对供电可靠性有特殊要求的用电场所。

重要电力客户的分类严格按照GB/T 29328—2018《重要电力用户供电电源及自备应急电源配置技术规范》中的相关定义来界定。根据供电可靠性的要求以及中断供电的危害程度，重要电力客户分为特级、一级、二级重要电力用户和临时性重要电力用户，其定义如下。

一、特级重要电力用户

特级重要电力用户指在管理国家事务中具有特别重要作

用，中断供电将可能危害国家安全的电力用户。

二、一级重要电力用户

一级重要电力用户指中断供电将可能产生下列后果之一的电力用户：

（1）直接引发人身伤亡的。

（2）造成严重环境污染的。

（3）发生中毒、爆炸或火灾的。

（4）造成重大政治影响的。

（5）造成重大经济损失的。

（6）造成较大范围社会公共秩序严重混乱的。

三、二级重要电力用户

二级重要电力用户指中断供电将可能产生下列后果之一的电力用户：

（1）造成较大环境污染的。

（2）造成较大政治影响的。

（3）造成较大经济损失的。

（4）造成一定范围社会公共秩序严重混乱的。

四、临时性重要电力用户

临时性重要电力用户指需要临时特殊供电保障的电力用户。

重要电力用户具体界定说明见《重要电力用户分类》（附件 2）与《重要电力用户的范围》（附件 3）。

第二节 重要电力客户的定级审定

重要电力客户的认定应每年进行一次，对存量高危及重要用户进行梳理以及对新装重要用电类别的用户进行认定。

一、定级申请

（一）重要电力客户级别拟定

（1）新装用户。县级供电公司用电检查人员在梳理客户业扩报装资料时，应根据客户提交的地方政府主管部门对该用户用电重要程度以及停电所造成的危害的相关证明材料和客户申请报装时对自身用电重要程度的判断，对满足重要电力客户标准的客户进行级别的初步认定。

（2）存量用户。县级供电公司用电检查人员对上一年度政府批复的重要用户进行重新梳理，对用电性质、重要程度等不满足重要用户条件的提出变更申请。

（二）编制重要电力客户申报名单

（1）重要电力客户的认定应每年进行一次，按属地化原则开展。

（2）县级供电公司营销部按照市级供电公司营销部的要求，组织用电检查人员按照重要电力客户认定工作标准、规范、制度，对新增以及结存重要电力客户进行梳理甄别和资料收集，编制情况说明，形成重要电力客户认定初步调整名单。

（3）县级供电公司营销部对拟认定初步调整的重要电力

客户名单审核后，报市级供电公司进行定级审批。

二、定级审批

市级供电公司营销部审核完成后形成重要电力客户认定名单，报分管领导审核。审核通过后，将重要电力客户认定名单通过正式文件报地方政府主管部门审核。市级供电公司应协助政府主管部门做好重要客户名单审核认定工作，最终重要客户名单以政府主管部门批复为准。

三、定级存档

各市级供电公司需及时将地方政府主管部门认定的重要电力客户名单及相关资料纸质版移交至市级供电公司办公室档案管理人员归档保管，直至下一年度地方政府主管部门重新认定的重要电力客户名单替换为止；同时将扫描文件上报省级公司营销部，由省级公司营销部重要客户管理人员存档保管。

第三节 重要电力客户的供电电源配置

一、重要电力客户供电电源配置原则

(1) 重要电力用户的供电电源一般包括主供电源、备供电源。重要电力用户的供电电源应依据其对供电可靠性的需求、负荷特性、用电设备特性、用电容量、对供电安全的要求、供电距离、当地公共电网现状、发展规划及所在行业的

特定要求等因素，通过技术、经济比较后确定。

（2）重要电力客户电压等级和供电电源数量应根据其用电需求、负荷特性和安全供电准则来确定。

（3）重要电力客户应根据生产特点、负荷特性等，合理配置非电性质的保安措施。

（4）在地区公共电网无法满足重要电力客户的供电电源需求时，客户应根据自身需求，按照相关标准自行建设或配置独立电源。

二、重要电力客户供电电源配置技术条件

（1）重要电力客户的供电电源应采用多电源、双电源或双回路供电。当任何一路或一路以上电源发生故障时，至少仍有一路电源应能满足保安负荷供电。

（2）特级重要电力用户应采用双电源或多路电源供电；一级重要电力用户应采用双电源供电；二级重要电力用户至少应采用双回路供电。重要电力用户典型供电模式，包括适用范围及其供电方式见《供电电源配置典型模式》（附件 4）。

（3）临时重要电力用户按照用电负荷重要性，在条件允许的情况下，可以通过临时敷设线路或发电设备等方式满足双回路或两路以上电源供电条件。

（4）重要电力客户供电电源的切换时间和切换方式应满足重要电力客户保安负荷允许断电时间的要求。切换时间不能满足保安负荷允许断电时间要求的应自行采取技术措施解决。

（5）重要电力客户供电系统应当简单可靠，简化电压层

级。如果客户对电能质量有特殊需求，应当自行加装电能质量控制装置。

（6）双电源或多路电源供电的重要电力客户，宜采用同级电压供电。但根据不同负荷需要及地区供电条件，亦可采用不同电压供电。

第四节　重要电力客户的自备应急电源配置

一、自备应急电源类型

下列电源可作为自备应急电源：

（1）自备电厂。

（2）发动机驱动发电机组：①柴油发动机发电机组；②汽油发动机发电机组；③燃气发动机发电机组。

（3）静态储能装置：①UPS；②EPS；③蓄电池；④超级电容。

（4）动态储能装置（飞轮储能装置）。

（5）移动发电设备：①装有电源装置的专用车辆；②小型移动式发电机。

（6）其他新型电源装置。

二、自备应急电源配置原则

（1）重要电力客户均应自行配置应急电源，电源容量至少应满足全部保安负荷正常启动和带载运行的要求。

(2) 重要电力客户的自备应急电源应与供电电源同步建设，同步投运，可设置专用应急母线，以提升重要客户的应急能力。

(3) 自备应急电源的配置应依据保安负荷的允许断电时间、容量、停电影响等负荷特性，综合考虑各类应急电源在启动时间、切换方式、容量大小、持续供电时间、电能质量、节能环保、适用场所等方面的技术性能，合理选取自备应急电源。

(4) 重要电力客户应具备自备应急电源接入条件，有特殊供电需求及临时重要电力用户，应配置外部电源接入装置。

(5) 自备应急电源应符合国家有关安全、消防、节能、环保等技术规范和标准的要求。

(6) 自备应急电源应配置闭锁装置，防止向电网反送电。

三、自备应急电源配置技术条件

(一) 允许断电时间的技术要求

(1) 保安负荷允许断电时间为毫秒级的，应选用满足相应技术条件的静态储能不间断电源或动态储能不间断电源，且采用在线运行方式。

(2) 保安负荷允许断电时间为秒级的，应选用满足相应技术条件的静态储能电源、快速自动启动发电机组等电源，且具有自动切换功能。

(3) 保安负荷允许断电时间为分钟级的，应选用满足相应技术条件的发电机组等电源，可采用自动切换装置，也可以手动的方式进行切换。

(二)需求容量的技术要求

(1)自备应急电源需求容量达到百兆瓦级别的,客户可选用满足相应技术条件的独立于电网的自备电厂作为自备应急电源。

(2)自备应急电源需求容量达到兆瓦级别的,客户应选用满足相应技术条件的大容量发电机组、动态储能装置、大容量静态储能装置(如 EPS)等自备应急电源;如选用往复式内燃机驱动的交流发电机组,可参照 GB/T 2820.1《往复式内燃机驱动的交流发电机组 第 1 部分:用途、定额和内容》的要求执行。

(3)自备应急电源需求容量达到百千瓦级别的,客户可选用满足相应技术条件的中等容量静态储能不间断电源(如 UPS)或小型发电机组等自备应急电源。

(4)自备应急电源需求容量达到千瓦级的,客户可选用满足相应技术条件的小容量静态储能电源(如小型移动式 UPS、储能装置)等自备应急电源。

(三)持续供电时间和供电质量的技术要求

(1)对于持续供电时间要求在标准条件下 12h 以内,对供电质量要求不高的保安负荷,可选用满足相应技术条件的一般发电机组作为自备应急电源。

(2)对于持续供电时间要求在标准条件下 12h 以内,对供电质量要求较高的保安负荷,可选用满足相应技术条件的供电质量高的发电机组、动态储能不间断供电装置、静态储能装置与发电机组的组合作为自备应急电源。

(3)对于持续供电时间要求在标准条件下 2h 以内,对供电质量要求较高的保安负荷，可选用满足相应技术条件的大容量静态储能装置作为自备应急电源。

（4）对于持续供电时间要求在标准条件下 30min 以内，对供电质量要求较高的保安负荷，可选用满足相应技术条件的小容量静态储能装置作为自备应急电源。

（四）特殊要求的用电场所的要求

对于环保和防火等有特殊要求的用电场所应选用满足相应要求的自备应急电源。

四、自备应急电源的运行

（1）自备应急电源应定期进行安全检查、预防性试验、启机试验和切换装置的切换试验。

（2）自备发电机组与供电企业签订并网调度协议后，方可并入公共电网运行。未与供电企业签订并网调度协议的自备发电机组严禁并入公共电网运行。签订并网调度协议的发电机组客户应严格执行电力调度计划和安全管理规定。

（3）客户应及时向供电企业提交装设自备发电机组的相关资料。

（4）重要电力客户的自备应急电源在使用过程中应杜绝以下情况发生：

1）自行变更自备应急电源接线方式。

2）自行拆除自备应急电源的闭锁装置或者使其失效。

3）自备应急电源发生故障后长期不能修复或影响正常运行。

4）擅自将自备应急电源引入，转供其他客户。

5）其他可能发生自备应急电源向公共电网送电的情况。

第五节　重要电力客户定级流程

重要电力客户定级流程见图 1－1。

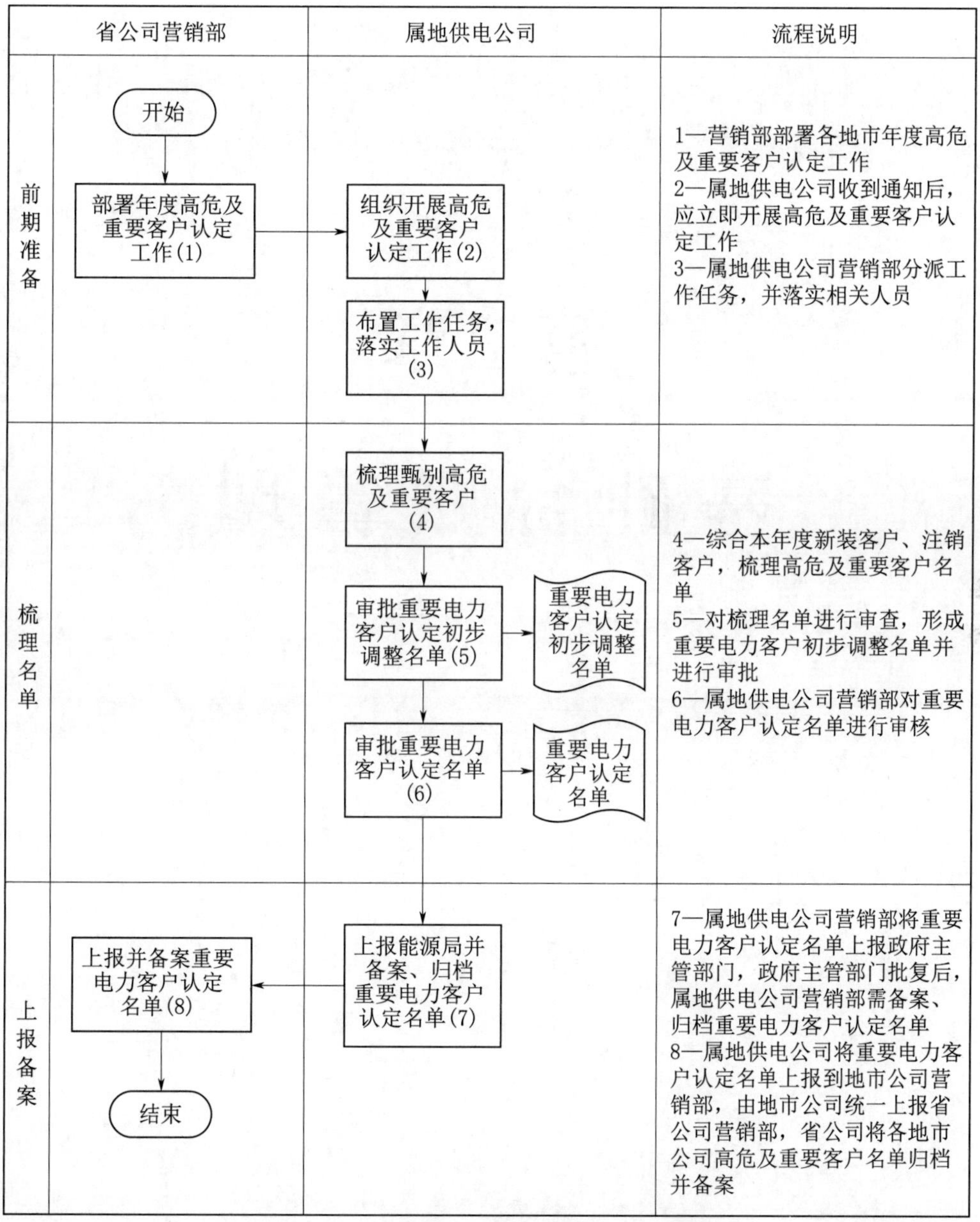

图 1－1　重要电力客户定级流程图

第二章

基础台账管理

基础台账管理是电力营销管理中的一项重要工作，重要电力客户基础信息的完整性、准确性直接影响电力营销工作的电费计算、线损统计、营销分析等业务。规范基础台账管理有利于为重要电力客户提供优质服务，并提高供电公司营销专业的工作质量。

本章主要描述了重要电力客户基础资料的整理、更新等要求，对重要电力客户基础信息的类型、基础台账的管理流程进行详细说明，其中基础台账管理流程主要包括台账建立、变更、注销、查阅、保存5个部分。

第一节 基础信息分类

重要电力客户基础信息可以分为用电类档案信息和服务类档案信息两类。

一、用电类档案信息

重要电力客户的用电类档案信息主要包括以下信息：

(1) 客户基本档案信息。

(2) 客户供用电合同信息。

(3) 客户受电设备信息。

(4) 客户保安设备及负荷信息。

(5) 客户自备应急电源信息。

(6) 自备应急电源使用协议。

(7) 客户电气操作人员信息。

(8) 供电侧保电应急预案（含客户电气一次接线图、客户应急抢险路径图）。

（9）客户侧停电应急处置方案。

（10）电网风险预警告知单。

（11）安全用电服务资料（含用电检查工作单或现场工作作业卡、安全用电建议书等）。

（12）客户来函、公司针对客户的相关函件、答复等（含客户证照资质信息）。

二、服务类档案信息

客户服务类档案信息即为重要电力客户服务过程中产生的信息，包括以下信息：

（1）现场工作作业卡。

（2）安全用电建议书、隐患整改告知书。

（3）报政府安全用电隐患报告及回执。

（4）停复电信息记录。

第二节 基础台账建立

一、新装重要电力客户台账建立

（一）归档资料

新装客户根据国家电网公司用户电压等级规定报装层级在受理供电公司完成报装流程后，受理层级供电公司营销部需对新装客户进行资料归档。归档资料如下：

（1）新装需求表。

（2）经信委批文、立项批准文件（或企业董事会决议文件）、营业执照、政府监管项目批件、税务登记证、授权委托书、法人或委托代理人居民身份证、电工进网作业许可证复印件。

（3）主要电气设备一览表。

（4）影响电能质量的用电设备清单。

（5）主设备说明书、试验报告、合格证。

（6）用电报装工程设计及说明书（内容包括高压受电设备一次、二次接线图与平面图，无功补偿方式，隐蔽工程，防止影响电网电能质量措施，自备电源及接线方式）。

（7）中间检查报告及整改意见书。

（8）电气试验及保护整定调试报告。

（9）负荷组成、性质及保安负荷资料。

（10）设计、施工、试验单位资质证明。

（11）营销业务工作单。

（12）工程竣工试验报告。

（13）供用电合同。

（14）其他资料。

（二）归档时间

工程送电后 3 个工作日内完成资料归档。

二、存量客户档案管理

（1）台账管理人员应检查客户资料是否完整、准确，包括资料内容真实、资料建立符合程序、签章齐全有效、资料填写时间准确等，纸质资料与电子文档应同步整理、存档，对不符合要求的资料应退回补充、完善。

（2）电子文档应该以国家规定的标准存储格式进行归档，带有商业秘密性质的电子文档应按保密规定办理归档手续。

（3）资料归档后应完善重要电力客户基础信息，形成客户文档目录。

第三节 基础台账变更

当重要电力客户更名、迁址或受电设备等信息发生变化时，需要执行基础台账变更流程。

一、信息变更申请

客户更名、迁址需填写《变更用电业务需求表》，由业务受理人员受理客户信息变更申请，并核实客户欠费情况。如客户欠费未结清，应将核实情况填入《变更用电业务需求表》中，向客户反馈先结清欠费再办理业务的意见，同时通知抄表员催收电费。如在安全用电服务过程中发现客户受电设备等信息发生变化，工作人员应根据现场检查实际情况，下达《安全用电建议书》（附件9）（存在安全用电隐患时）或《用电检查结果通知书》（存在设备变更引起用电容量变化时），指导客户完善相关业务手续，并更新受电设备登记信息，及时在国家电网公司《电力营销业务应用系统》中修改客户受电设备资料。

二、信息变更核实

业务受理人员应在1个工作日内核实客户用电地址、用电容量、用电类别等相关信息的变更是否属实。核实完毕后应将现场核实内容及初步意见填入工作单提交分管主任审批；如客户变更需求不符合实际情况，则将现场核实意见填入工作单，向客户反馈核实意见和有关政策规定。

三、信息变更审批

分管主任应在1个工作日内完成现场核实工作单的审批工作。

四、信息变更确认

客户信息核实无误后，发起信息变更申请流程，变更客户信息。

第四节 基础台账注销

一、信息注销申请

当重要电力客户注销时，需要执行基础台账注销流程。用电检查人员受理客户注销申请。

二、信息注销审批

（一）重要电力客户注销需要属地管理单位负责人审核，属于管理权限内的直接审批，不属于管理权限内的，由用户报地市营销部按有关规定审批。

（二）审批手续应在1个工作日内完成。

三、信息注销归档

用电检查人员应及时在“电力营销业务应用系统”中注

销重要电力客户信息，客户销户申请书、《变更用电业务需求表》等资料信息需由属地供电公司营销部门及时归档。

第五节　基础台账查阅与保存

一、台账查阅

（1）重要电力客户电子文档信息不得越权查阅、使用、修改。

（2）重要电力客户基础台账允许在规定范围内借阅复印件，不得借出原件。

二、保存期限与方式

重要电力客户基础台账应保存 30 年（依据国家电网公司文件材料归档范围与档案保管期限表的规定）。

重要电力客户基础台账应满足“一户一档”的要求，纸质资料按照“一户一盒”的方式归档存放。

三、台账管理人员职责

台账管理人员应定期进行台账梳理、核对，对破损或变质的纸质资料，应及时修补和复制。同时“电力营销业务应用系统”电子文档应及时更新，实时跟踪在途档案。

四、移交程序

台账管理人员工作发生变动时应提出台账保管工作移交申请，经分管领导审核，出具审批意见，明确新的台账保管人员，按照规定完成工作交接。

第六节 基础台账管理流程

基础台账管理流程见图 2－1。

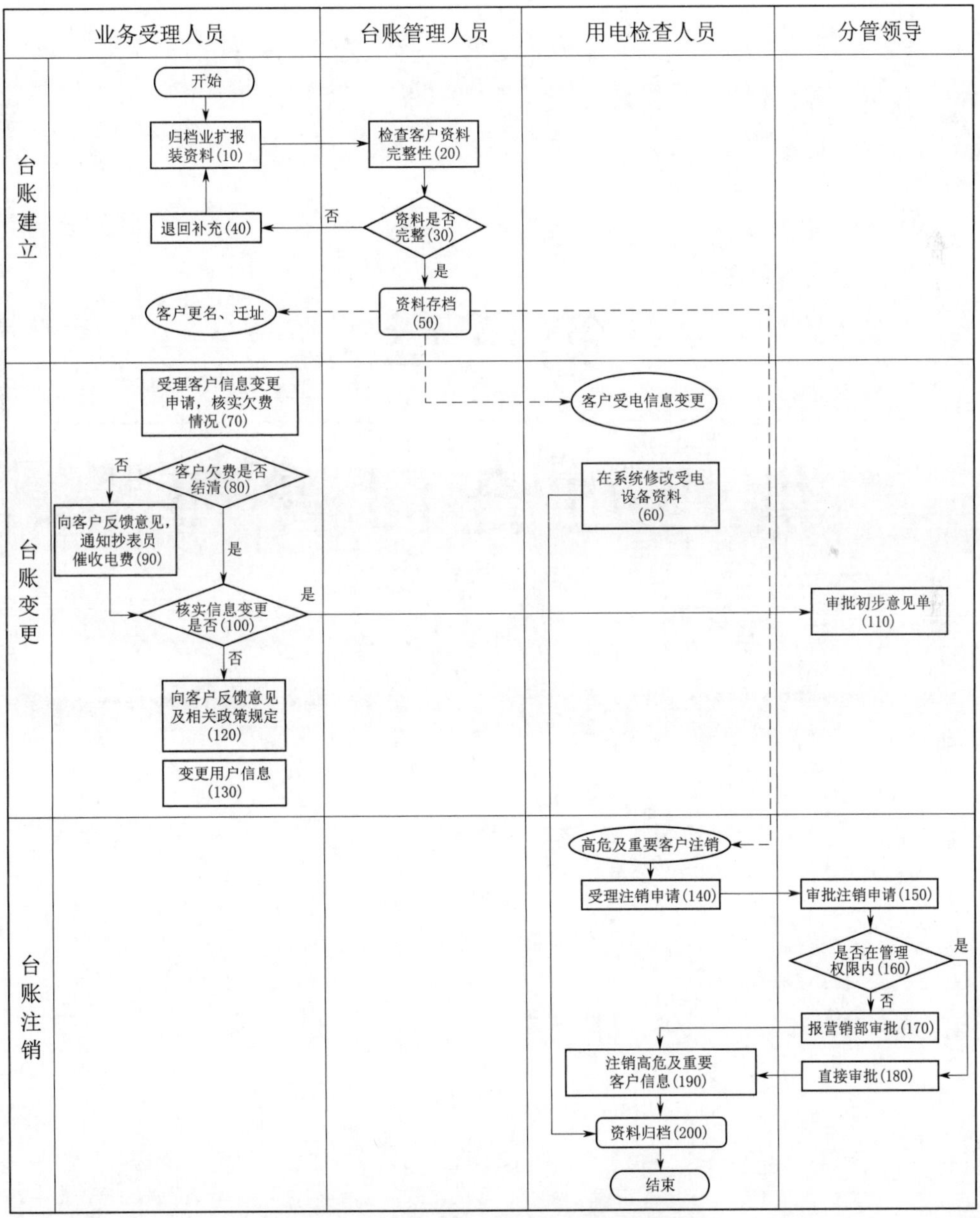

图 2－1 基础台账管理流程图

第三章

供用电合同管理

供用电合同是供电公司与客户连接的纽带，在供电公司依法经营中扮演着重要的角色。加强供用电合同管理，对于维护正常的供用电秩序，保护供用电双方的合法权益，规范供用电行为、促进公司合法经营，具有重要的意义。

供用电合同管理目标为：合同签订率100%；合同有效率达100%；杜绝因未签订供用电合同或签订不规范等原因给公司造成法律纠纷和经济损失。

本章包含合同分类、合同管理职责与分工、重要电力客户供用电义务、合同签订、合同续签、合同修签、合同解除、供用电合同管理流程八个部分，描述了合同签约、履行、变更、解除以及合同文本建档、保存等环节的工作标准，适用于国网系统供电营业区域内的重要电力客户供用电合同管理工作。

第一节　合　同　分　类

一、高压供用电合同

适用于受电电压等级为10（6）kV及以上的专用变压器用电客户。

二、临时供用电合同

适用于基建、农田水利、市政建设及其他非永久性的临时用电客户。

第二节 合同管理职责与分工

（1）供电公司市场营销部供用电合同管理员，主要负责客户现场用电情况核实、合同的起草、与客户协商合同细节等工作。

（2）供电公司市场营销部主任，主要负责所管辖范围内客户供用电合同的审核工作。

（3）供电公司供用电合同签约人，主要负责客户供用电合同的最终审核、签字、盖章。

第三节 重要电力客户供用电义务

一、重要电力客户受电设施与自备应急电源的管理

（1）客户电气运行维护人员必须具有电工岗位从业人员资质。

（2）客户应对受电设施进行维护、管理，并负责保障供电公司安装在客户处的用电计量与用电采集等装置安全、完好，如有异常必须及时通知供电公司。

（3）重要电力客户的自备应急电源的电源容量至少应满足全部保安负荷正常供电的要求；客户在使用自备应急电源的过程中应该避免以下情况：

1）自行变更自备应急电源接线方式。

2）自行拆除自备应急电源闭锁装置或使其失效。

3）自备应急电源发生故障后长期不能修复或影响或正常运行。

4）其他可能影响自备应急电源向电网倒送电的因素。

（4）重要电力客户需保证受电设施及多路电源的联络、闭锁装置始终处于合格、安全的状态，并按照国家或电力行业电气运行规定进行安全检查和预防性试验，及时消除安全隐患。

（5）重要电力客户受电装置的保护方式应与电网的保护方式相互配合，并按照电力行业有关标准或规定进行整定和检验。

二、重要电力客户配合事项

（1）重要电力客户应配合做好需求侧管理，落实国家能源方针政策。

（2）供电公司对重要电力客户开展用电检查，客户需提供方便，并根据检查需要，向用电检查人员提供相应真实资料。用电检查的内容主要包括：

1）重要电力客户受（送）电装置工程施工质量检验。

2）重要电力客户受（送）电装置中电气设备运行安全状况。

3）用电计量装置、电力负荷控制装置、继电保护和自动装置、调度通讯录等安全运行状况。

4）供用电合同及相关协议履行情况。

5）受电端电能质量状况。

6）违约用电和窃电行为。

7）并网电源、自备电源并网安全状况。

（3）用电计量装置的安装、移动、更换、校验、拆除、加封、启封由供电公司负责，客户应提供必要的方便与配合；安装在客户处用电计量装置由客户妥善保管，如有异常，需及时通知供电公司。

三、重要电力客户禁止事项

（1）擅自操作供电公司产权范围内的电力设施，但下列情况除外：

1）可能危及电网和用电安全。

2）可能造成人身伤亡或重大设备损害。

（2）在电价低的供电线路上，擅自接用电价高的用电设备或私自改变用电类别。

（3）私自超过合同约定容量用电。

（4）擅自使用已在供电公司办理暂停手续的电力设备或启用已封存的电力设备。

（5）私自迁移、变更和擅自操作供电公司的用电计量装置。

（6）擅自引入（供出）电源或将自备应急电源和其他电源并网。

（7）在供电公司的供电设施上，擅自接线用电。

（8）绕越供电公司用电计量装置用电。

（9）伪造或开启供电公司加封的用电计量装置封印用电。

（10）损坏供电公司用电计量装置。

（11）使供电公司用电计量装置失准或失效。

（12）采取其他方法导致不计量或减少计量。

第四节　合　同　签　订

一、客户应准备材料

（1）工商营业执照。
（2）法定负责人签发的授权委托书。
（3）法定代表人（负责人）身份证。
（4）签约人身份证。
（5）其他资料。

二、签约前准备

（1）确认客户用电申请符合供电条件。
（2）确认客户主体资格和资信等情况。
（3）核实客户用电信息。
（4）了解客户用电需求。

三、权限管理

（1）供电企业和客户必须依法签订供用电合同。凡无理拒绝新签或修签供用电合同者，供电企业将不承担供电责任和义务，并可根据相关法律、法规的规定，按照有关程序终止供电。

（2）合同管理

高压供用电合同（含临时合同）由所辖供电合同管理专

责负责起草合同文本，签约人负责签约，加盖供用电合同专用章。

高压供用电合同一式四份，分别由地市级供电公司市场营销部、用电客户所在地供电公司市场营销科、供电营业所以及客户各保存一份（根据供电、用电双方实际情况，可适当增加合同副本数量）。

四、合同初审会签

（1）在供用电合同签订过程中，应严格把关，按权限管理的要求起草合同，确保合同条款符合相关法律、法规要求。

（2）按照权限管理的要求，供用电合同管理员组织法律顾问、签约人以及有关单位、部门负责人对合同草稿进行初审，并在会签单上签署意见。

五、合同条款洽谈及要求

（1）供用电合同条款。

1）供电方式、供电质量和供电时间。

2）用电容量和用电地址、用电性质。

3）计量方式和电价、电费结算方式。

4）供用电设施维护责任的划分。

5）合同的有效期限。

6）违约责任。

7）双方共同认为应当约定的其他条款。

（2）电费计算方式要严格按照国家电网公司所在省级电力公司关于电费周期结算的管理办法执行。

（3）客户所属的供电营业所或部门负责组织供用电双方的相关人员，对合同条项逐款洽谈、协商。如果双方对某些条款存在重大分歧，则双方互相交换意见，本着平等自愿、协商一致的原则，直至协商达到一致，形成正式合同文本。

（4）供用电合同内容如有特殊情形，可通过合同内“特别约定”条款约定。

（5）供用电设施产权分界点需对现场实物拍照，并在照片上示意或标注产权分界点，供用电双方在照片上盖章（或签字）确认，作为供用电合同的附件。

（6）与客户另行签署的有关电费结算、电费担保等协议作为供用电合同项下的单项协议，与合同具有同等法律效力。单项协议中若明确的约定单项协议与供用电合同条款不一致时，以单项协议为准。

（7）供用电合同签署内容要规范，签署内容不得随意开天窗、删除条框等，如与客户约定无需填写的，则应注明“无”或划“/”。

（8）供用电合同编号统一按国家电网有限公司供用电合同编号规则编码。

六、合同签约

（1）合同签约需供用电双方在合同文本上签字、盖章后方可生效。

（2）供用电合同的签约人必须是供电企业的法人代表或委托代理人，签约人在签订供用电合同时，必须验证客户的法定代表人或委托代理人的证件原件，并将复印件作为合同附件。

七、合同存档

（1）合同生效后，合同管理员按权限管理合同文本，传递一份合同副本至用电客户所属地供电单位供日常营业使用。

（2）重要电力客户供用电合同及有关资料应分级建档管理，长期保存，不得遗失。

（3）重要电力客户供用电合同应及时上传至“电力营销业务应用系统”。

（4）供用电合同实行档案电子化管理原则。营销系统中要配置供用电合同标准文本，每年根据国家电网有限公司下发的统一合同模板更新。签订完的供用电合同要上传至营销系统进行留存，纸质合同要存入户务档案并设专人负责管理。

八、注意事项

（1）供电公司要制定统一的供用电合同编号，任何单位和个人不得随意更改。

（2）供用电合同经供用电双方（及转供方）合同签约人签字，加盖供电公司“供用电合同专用章”和用电方公章才能生效。供用电双方合同签约人签订供用电合同时，必须将由各自公司法定代表人签发的《授权委托书》、法定代表人（负责人）身份证、签约人身份证、营业执照、电力调度协议、并网协议、电费结算协议、税务登记证和组织机构代码证复印件作为合同的附件。

（3）高压供用电合同有效期限一般为1～3年，确定原则为：对濒临破产的企业、信用等级差的用电客户和私营企业合同有效期为 1 年；生产相对稳定的企业、信用等级良好的用电客户合同有效期为 2 年；信用等级优良的用电客户可将合同有效期定为 3 年。

（4）供用电合同专用章由供电公司统一制作，各供电公司合同管理员保管。

（5）合同纠纷处理。

1）合同一旦发生纠纷，各单位应按照管理权限及时报相应的市场营销部门，由市场营销部门同客户协商解决，协商一致时应同客户订立书面协议，并由双方合法签约人签字盖章。

2）对供电方权益有重大损害的合同纠纷，由市场营销部协调，并通知公司政法部门处理。

3）同用电客户协商无效的合同纠纷，应申请仲裁或向人民法院提起诉讼，由合同管理单位或部门报告，市场营销部协商，政法部门处理。

（6）供用电合同管理员、签约人等必须经过合同法及相关法规知识培训，并取得合格证书或具有从事法律工作的资质证书。

第五节 合同续签

供用电合同续签业务是指供用电合同到期后，供电企业与用电客户继续保持原用电关系，延长供用电合同有效期并保持其有效合法性。

一、合同续签标准

(1) 高压供用电合同到期前须向客户发出续签通知。

(2) 合同续签通知书发出后，客户在预定时间内无续签要求时，则转入合同解除流程。

(3) 合同续签过程中，如发生合同条款变化，则转入合同修签流程。

(4) 供用电双方在共同遵守原合同条款内容的基础上，签订新合同期内的供用电合同。

(5) 续签的供用电合同由双方拥有权限的签约人签字、盖章。

(6) 合同生效后，合同管理员按权限管理合同文本，传递一份合同副本至用电客户所属地供电单位供日常营业使用。

二、合同归档

合同管理人员将正式签署的供用电合同文本等资料归档。

第六节 合 同 修 签

供用电合同修签是指供用电合同在履行过程中因用电性质变更、调整电价比例、增减用电容量等变更用电时，合同双方当事人对合同条款进行修改的业务。

一、工作标准

(1) 核实供用电变动情况：

1）客户用电需求发生变化。

2）供电方原因，引起客户用电发生变化。

3）国家有关用电政策变化，使供用电合同不能履行或不能完全履行。

（2）供用电合同需修签时，营业部门应履行告知义务。

（3）审核合同相关资料：

1）客户变更用电申请。

2）业务变更工作单。

3）有关政策文件。

4）其他相关修签证明材料。

（4）合同管理员根据变更用电资料，初步拟定需变更的合同条款文本或合同附件文本。

（5）合同条款文本或合同附件文本经内部有关部门初审后会签。

（6）根据会签意见修改文本，与客户协商合同变更事项。

（7）客户有异议提出修改意见后，将修改后的文本重新提交会签。

（8）供用电双方对修改文本协商一致后，双方合同签约人审核签字、盖章，合同生效。

（9）合同生效后，合同管理员按权限管理合同文本，传递一份合同副本至用电客户所属地供电单位供日常营业使用。

二、合同存档

（1）供用电合同及变更资料、会签资料，应分级建档管理，长期保存，不得遗失。

（2）将修签后的供用电合同有关信息资料上传至“电力营销业务应用系统”。

三、注意事项

（1）修签合同需在协商一致、平等自愿的基础上进行。
（2）修签合同要及时。
（3）修签证明资料要齐全，并经过必要的审核手续。

第七节 合同解除

供用电合同解除是指在供用电合同有效成立之后，当解除条件具备时，办理有关手续，停止执行供用电合同，解除供用电关系。

一、客户准备材料

重要电力客户的合同解除请求、通知及相关证明资料。

二、工作标准

（1）合同管理员审核供用电合同解除条件。

1）供用电双方经过协商同意，并且不因此损害国家利益或扰乱供用电秩序。

2）由于供电能力的变化或国家对电力供应与使用管理的政策调整，使订立供用电合同的依据被修改或取消。

3）当事人一方依照法律程序确定确实无法履行合同。

4）由于不可抗力或一方当事人虽无过失，但无法防止的外因致使合同无法履行。

（2）合同管理人员审核用电客户的解除申请及相关证明、供电方业务工作单等资料，审核合格后复印存档。

（3）合同签约人负责审核供用电合同解除手续是否齐全，批准并传递到合同管理员。客户所在供电单位负责告知客户合同解除意见。

（4）合同管理员组织供用电双方就合同未尽条款进行协商，结清欠费后，达成一致意见形成书面协议。该协议履行完，并报合同签约人批准后，才能办理合同解除手续，同时通知有关单位或部门。

三、合同存档

合同管理人员负责将最终合同的解除文档保存在重要电力客户基础台账中。

四、注意事项

（1）客户提出合同解除请求应及时答复，防止造成经济损失。

（2）当合同需要法定解除时，由市场营销部负责协商、法规部负责诉讼或仲裁事项。

（3）供用电双方均可提出解除合同的意向，当供电公司权益受到侵害必须解除合同时，应及时向客户提出解除合同。

（4）合同解除意味着供用电关系不再存在，有关单位和部门应及时终止供电。

第八节　供用电合同管理流程

供用电合同管理流程见图 3－1。

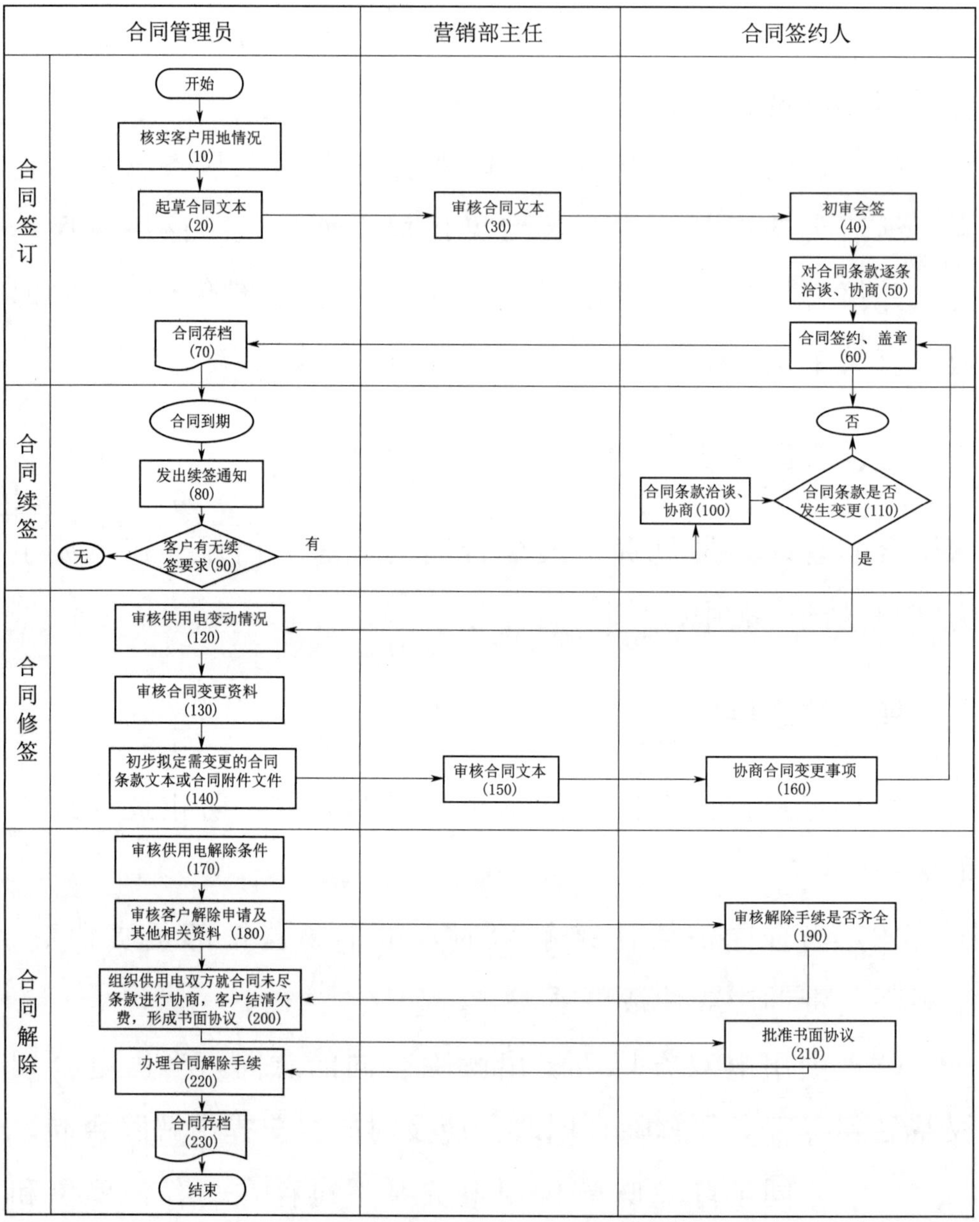

图 3－1　供用电合同管理流程图

第四章

检 查 周 期 管 理

用电检查是安全用电的基础和条件，对保证电网运行和客户生命财产安全，及对客户和供电公司都有着巨大的现实意义。为了更好地满足客户越来越高的服务需求、树立供电公司良好形象、促进社会经济发展，对重要电力客户的用电检查进行周期管理具有重大意义。

检查周期管理分为周期性检查、专项检查和检查人员管理三部分。周期性检查描述了周期检查的类型、检查计划编制、检查工作开展；专项检查描述了检查目的与侧重点、专项检查计划的编制、检查工作的开展；检查人员管理则描述了检查工作中用电检查人员的职责与资质要求。

第一节 周期性检查

定期安全检查是指根据规定的检查周期和客户安全用电实际情况，制定检查计划，并按照计划开展的检查工作。

一、检查类型

按客户重要等级划分，用电安全检查周期如下：

（1）特级重要电力用户、一级重要电力用户每 3 个月至少检查一次。

（2）二级重要电力用户，每 6 个月至少检查一次。

二、检查流程

（1）年计划制定。

1）省公司应每年下达下一年年度周期检查计划通知；

2）所辖供电公司根据省级公司的要求，在“电力营销业务应用系统”中按照客户级别和特性，制定年度检查计划，确定检查次数、检查对象及检查时间，并合理分派用电检查人员。年度检查计划制定完成后，需提交省级公司审核。

（2）月计划制定。

所辖供电公司用电检查人员在月末应制定下月周期检查计划。用电检查人员在“电力营销业务应用系统”中根据下月需要完成的周期性检查筛选客户，确定具体检查对象、检查内容及检查时间，并提交地市级公司营销部审核。

审核通过后，用电检查人员需严格按照检查计划对客户开展周期性用电检查。

（3）开展周期检查工作。

所辖供电公司用电检查人员根据周期检查计划和客户安全用电实际情况，携带必要的检查装备，根据周期性检查项目逐项对客户的受电设备、电源管理等进行检查，且须有两人及以上方可开展工作。

第二节 专项检查

专项安全检查指每年的春季、秋季安全检查以及根据工作需要安排的专业性检查诊断，检查重点是客户受（送）电装置的防雷防汛情况、设备电气试验情况、继电保护和安全自动装置情况等。特殊性安全检查服务是指因重要保电任务或其他需要而开展的用电安全检查。

一、检查类型

（1）重大节假日专项检查。

重大节假日期间的检查称为重大节假日专项检查。为了防止重大节假日期间的大规模用电导致电网稳定破坏和大面积停电事故，对重要电力客户在重大节假日期间的巡视检查，做好保电应急演练工作，不断提高产权范围内电力设施及自身事故的处理能力，确保节假日期间用电安全。

（2）重大事件专项检查。

重大活动等期间的检查称为重大事件专项检查。为了防止重大事件期间的用电隐患导致的停电或事故的发生，应该在重大活动或其他重大事件期间对重要电力客户、临时重要电力客户进行专项检查，做好重大事件发生期间的应急处置工作，不断提高产权范围内电力设施及自身事故的处理能力，确保重大事件期间的安全生产用电。重大活动客户侧电力服务保障工作（以下简称客户侧保电）坚持“政府主导、客户主体、电力主动”的三位一体原则。

（3）其他专项。

季节性专项及政府单位通过下发文件要求开展的专项检查，如针对林区、防汛、供暖、供气等客户开展的专项检查，需严格按照文件指示或实际情况对重要电力客户、临时重要电力客户开展安全用电服务工作。

二、检查流程

（1）专项检查计划制定。

专项检查应在检查前制定检查计划。用电检查人员在“电力营销业务应用系统”中，按照各专项的具体要求，确定检查对象、检查项目及检查时间，并提交分管领导审核。

（2）开展专项检查。

用电检查人员根据专项检查计划，携带必要的检查装备，按照各类专项的要求，对客户的受电设备、电源管理等进行检查，且须有两人及以上方可开展工作。

第三节 检查人员管理

一、人员职责

（1）属地供电公司用电检查人员：

1）负责执行客户周期检查工作。

2）负责更新客户档案信息。

（2）属地供电公司用电检查班班长：负责制定检查工作计划并安排人员执行。

（3）属地供电公司营销部主任：负责审核周期性检查工作计划。

二、人员要求

（1）用电检查人员需满足相应的作业技能、安全资质和特殊工种资质。

（2）符合国家电网公司《供电服务规范》中基本道德和技能规范、诚信服务规范、行为举止规范、仪容仪表规范、营业场所服务规范的要求。

（3）工作人员应具有良好的精神状态和身体状况，经医师鉴定，无妨碍工作的病症。

（4）工作人员应着装整齐，个人工具和劳保用品应佩戴齐全。

（5）熟悉《电力法》《供电营业规则》《电力安全工作规程》等国家现行有关电力法律法规、用电政策和电力系统及电力生产的有关知识。

第四节　检查周期管理流程

检查周期管理流程见图 4－1。

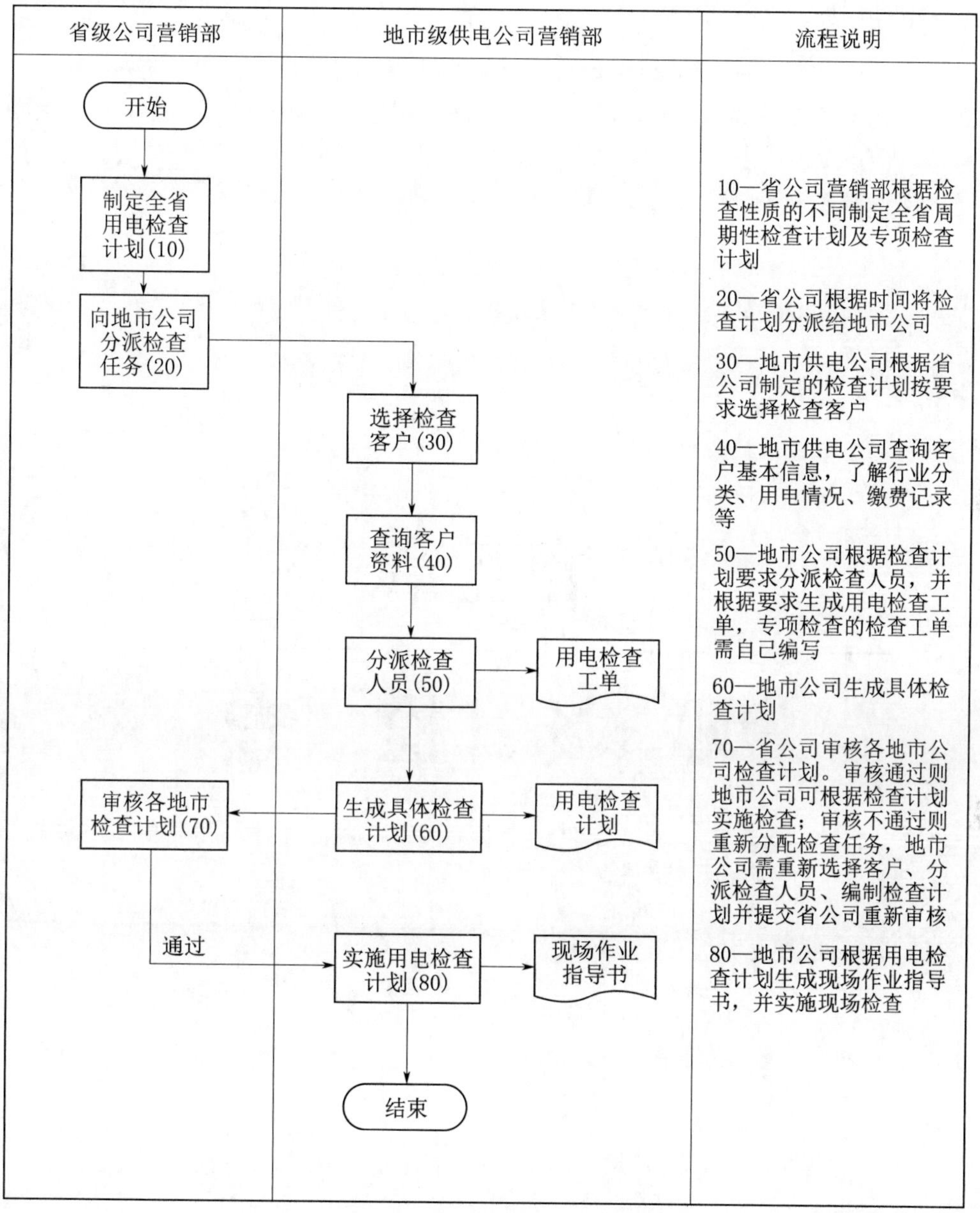

图 4－1　检查周期管理流程图

第五章

现 场 检 查

重要电力客户对供电可靠性、电能质量要求高，自身发生事故损害大，严重时还可能波及电网安全稳定运行，甚至扩大为局部电网事故，给社会经济、人民生活带来更大危害，甚至对社会稳定和国家安全产生影响。因此，为维护正常供用电秩序，保障客户生产运行的有序开展，保护居民财产安全，对重要电力客户开展用电现场检查的工作势在必行。

本章描述了现场检查开展前的工作标准、现场检查项目、检查结果存档及上报要求与现场检查工作的注意事项，分为现场检查前准备、现场检查内容、检查结果处理和现场检查注意事项四个部分。

第一节　现场检查前准备

一、人员分派

用电检查班班长根据检查计划安排用电检查人员。用电检查人员在执行用电检查任务时须有两人及以上，工作时应主动向客户出示工作证，按照《用电检查计划》规定的项目和内容进行检查。

二、客户基本信息核对

用电检查人员在进行用电检查前应通过“电力营销业务应用系统”打印用电检查工单，了解客户用电类档案信息，掌握客户电量负荷情况、供用电合同及相关协议等内容。

三、工器具及文书准备

工器具与仪器仪表包括常用工器具、防护器具、仪器仪表等，如：安全帽、照相机、摄像机、录音笔、照明器材、电工组合工具、现场检查仪器仪表、交通工具、验电器。

用电检查人员根据检查任务，申请工器具。

用电检查人员还应准备《安全用电服务工作联络单》（附件8）、《安全用电建议书》（附件9）、《隐患整改告知书》（附件10）。

第二节 现场检查内容

一、周期性检查

周期性检查主要包括以下项目：

（1）客户信息：

1）明确客户级别。

2）明确客户电价类别。

3）查询客户历史检查和整改记录。

4）检查客户运行管理制度齐全。

（2）安全管理：

1）受电设备操作管理人员需具备本单位认可的从业资格。

2）安全工器具齐全且试验在安全周期内。

3）客户应急预案及演练符合要求。

4）制定了非电性质安全措施。

5）受电设施需按周期性试验。

6）试验单位资质满足要求。

7）六氟化硫开关室应有气体强排措施，强排开关应置于室外，配电室安全措施（绝缘垫、灭火器、五防一通功能、照明等）符合规定。

8）变配电室无杂物、无积灰，通道畅通。

（3）供电电源：

1）合同约定的产权（责任）分界点断路器（隔离开关）完好。

2）进线线路（电缆）安全距离符合规范要求。

3）一次系统模拟图状态与实际一致。

4）多电源间防误装置可靠（系统判别有多回路）。

5）重要电力客户满足电源配置要求。

（4）自备应急电源：

1）自备发电机台数。

2）自备发电机容量（设备数×单台容量）。

3）UPS 容量、EPS 容量（设备数×单台容量）。

4）投切装置具备可靠的防误闭锁功能，且切换逻辑正确。

5）应急自备电源容量应满足保安负荷要求，切换时间应满足要求。

6）重要客户自备电源容量满足大于等于120%保安负荷要求。

7）自备电源管理制度、开停机记录，蓄电池充放电记录齐全。

8）发电机燃油应该单独放置，消防措施可靠，油料应满足其自身的应急要求。

9）发电机外壳和中性点单独可靠接地，无渗油，无锈蚀。

10）自备电源安全使用协议书有效。

（5）变压器：

1）运行中的油浸式变压器应用围栏隔离并悬挂“止步，高压危险”警示牌，围栏高度要达到170cm，围栏间距不大于10cm，与变压器安全距离应符合标准。

2）运行中的油浸式变压器油温应正常：油温不得经常超过85℃，最高不得超过95℃，温升不得超过55℃，各部件无渗油、漏油。

3）套管外部无破损裂纹，无严重油污，无放电痕迹及其他异常现象。

4）冷却系统运转正常，引线接头、电缆无发热迹象。

5）中性点及外壳可靠接地。

6）有载分接开关的分接位置及电源指示正常。

7）干式变压器门紧闭上锁，风机、温控仪正常无缺陷。

（6）高压设备：

1）高压开关柜内设备运行正常。

2）高压开关柜内无异味。

3）高压开关可有效隔离电源，隔离开关合闸前有与电源实现足够且明显可见的有效安全隔离距离。

4）合闸后检查合闸熔丝正常。

5）高压柜外壳可靠接地。

6）断路器、隔离开关指示位置与实际一致。

7）“五防装置”功能齐全，包括：防止带负荷拉、合隔离开关；防止误跳、合断路器；防止带电挂接地线；防止带地线合隔离开关；防止误入带电间隔。

（7）计量装置：

1）电能表度数无异常，能满足防窃电要求，各处封印完好，无告警指示（读取需量、总有功、尖、峰、谷、无功电量）。

2）终端无告警显示，采集终端信号良好。

（8）继电保护和自动装置：

1）保护装置屏幕显示正常。

2）备自投装置、重合闸充电情况显示正常。

3）保护装置参数设置正确，整定值与整定单一致。

4）后台机运行正常，无重要报警信息。

（9）直流控制屏：

1）直流装置控制仪显示正常，无报警信息。

2）充电电压和直流母线电压处于正常范围。

3）蓄电池运行正常。

（10）防雷设施检查：检查电力客户设备的接地系统、避雷器、避雷针等设施符合安全管理要求。

（11）谐波源：

1）消谐装置应正常。

2）电能质量应合格。

二、专项检查

专项安全检查指每年的春季、秋季安全检查以及根据工作需要安排的专业性检查诊断，检查重点是客户受（送）电装置的防雷防汛情况、设备电气试验情况、继电保护和安全自动装置定值整定及运行维护等情况。专项检查范围及内容包括如下几个方面：

（1）季节性检查：按每年季节性的变化，对客户设备进行安全检查。

（2）事故检查：客户发生电气事故后，除进行事故调查和分析、汇报有关部门外，还要对客户设备进行一次全面、系统的检查。

（3）经营性检查：当电费均价、线损、功率因数、分类用电比例及电费等出现大的波动或异常时，进行现场检查。

（4）营业普查：组织有关部门集中一段时间在较大范围内核对用电营业基础资料；对客户履行供用电合同的情况及违约用电、窃电行为进行检查。

（5）定比定量核查：根据客户的负荷性质、电气设备容量等重新核定定比定量值。

（6）临时用电检查：临时用电客户合同到期前 6 个月、前 1 个月分别检查一次，掌握用电情况，督促其办理销户或延期手续。

第三节　检查结果处理

一、生成结果

用电检查人员在现场检查中，发现客户有危害供用电安全或扰乱供用电秩序的用电行为，应予以制止，同时做好取证工作，并向客户出具《安全用电建议书》说明详细的检查结果。如果在用电检查过程中发现客户用电存在隐患，用电检查人员需要根据隐患情况填写《隐患整改告知书》，交给客户，并向客户说明隐患情况。

二、检查结果存档

《安全用电建议书》或《隐患整改告知书》一式两份，交给客户签字确认，一份由客户留存，另一份需按照检查时间序列保存在客户档案中存档。

三、检查结果上报

资料归档后应及时填报相关报表，按要求编写用电安全检查情况统计表或专项检查安全隐患明细表报告至地方政府行业主管部门。

第四节　现场检查注意事项

现场检查应注意以下几个方面：

（1）开展用电检查工作前应根据相关安全规程规定办理工作票或派工单。

（2）用电检查人员现场检查必须正确佩戴安全帽，防止高空坠物和碰撞事故。

（3）现场检查必须穿工作服和绝缘鞋，防止触电、碰伤、扎伤、摔伤事故的发生。

（4）用电安全检查必须有客户处运行人员陪同，防止误入运行设备区域或误碰带电设备发生触电事故。

（5）严禁代替客户操作电气设备或擅自操作客户电气设备。

（6）工作现场应保证有良好的照明，防止误碰、误踏事故。

第五节 现场检查流程

现场检查流程见图 5－1。

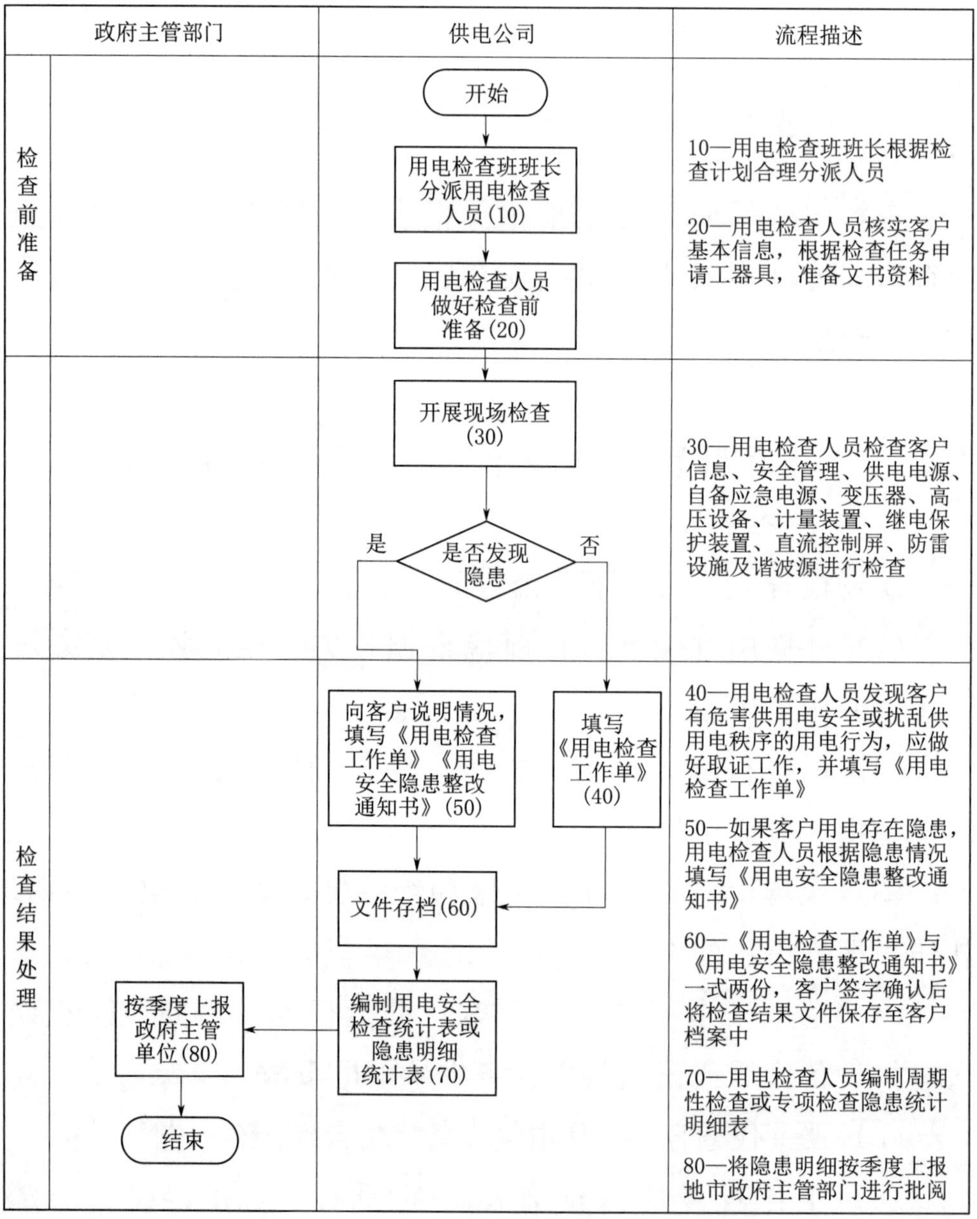

图 5－1 现场检查流程图

第六章

检查结果告知及隐患整改

本章依据《国家电网公司关于重要电力客户用电安全管理工作的指导意见》中对用电检查结果告知、隐患告知与报备的要求，结合《周期性检查标准化作业指导书》中对用电检查流程与用电检查人员的要求，编制本章检查结果告知及隐患整改。

本章阐述了用电检查结果告知标准、隐患整改职能分工与隐患报备要求、隐患整改督导与复查销号，分为用电检查结果告知、隐患整改报备、隐患整改督导三个部分。

第一节 用电检查结果告知

用电检查结果告知应包括以下几个方面：

（1）用电检查人员在检查中发现客户存在危及电网安全运行、人身安全的行为或设备缺陷时应立即制止，制止无效时应及时报告电力管理部门，对上述事项及过程应做好详细记录。

（2）经现场检查确认客户的设备状况、电工作业行为、运行管理等方面有不符合规定的，用电检查人员应该根据现场检查实际情况填写《安全用电建议书》，对客户存在的缺陷和问题应具体、清晰地以《隐患整改告知书》书面提出整改意见。

（3）《安全用电建议书》和《隐患整改告知书》一式两份，客户认可《安全用电建议书》和《隐患整改告知书》中填写的内容后，交由客户负责人签字，一份交给客户保存，另一份需存档备查。

（4）如客户拒绝签收《安全用电建议书》和《隐患整改告知书》，应通过函件、挂号信等具有法律效力的形式正式送达客户。

第二节 隐患整改报备

一、职责分工

（一）省级公司职责

（1）负责重大事故隐患整改、报备的闭环管理。

（2）贯彻执行政府部门及国家电网公司有关要求，组织所属单位开展隐患排查工作。

（3）核定所属单位上报的重大事故隐患。

（4）按照国家电网公司、区域分部委托范围，具体负责受委托运行维护的跨区电网隐患排查。

（5）检查所属单位隐患排查开展情况，协调解决所属单位在工作执行过程中遇到的各种问题，针对共性、苗头性、倾向性安全隐患，适时组织开展专项排查活动。

（6）汇总、统计、分析本单位隐患排查情况，向国家电网公司和地方政府有关部门汇报。

（二）属地供电公司职责

（1）根据省级公司的安排，负责重大事故隐患控制、报备等相关工作，负责一般事故隐患排查、报备的闭环管理，归口管理并协调、督促所属二级机构、属地供电公司开展安全事件隐患排查、报备。

（2）负责本单位事故隐患的评估定级；负责审核属地供电公司上报的一般事故隐患；负责初步审核属地供电公司上

报的重大事故隐患；对评估为重大事故隐患的，及时报省级公司核定。

（3）负责本单位隐患整改情况汇总、统计、分析和上报工作。

（4）协调当地政府相关部门或其他行业单位，促进隐患整改。

二、隐患报备

（1）用电检查完成后，用电检查人员需按照实际情况编制隐患明细统计表，录入供电单位、客户编号、客户名称、隐患描述等内容。

（2）隐患明细统计表编制完成后，应在国网省级公司“重要电力客户管理系统”中隐患报告管理模块上传隐患明细，上传完成后打印文件。

（3）隐患明细统计表和《重要电力客户用电安全隐患整改报告》需按季度上报各地市政府行业主管部门进行批阅。

第三节 隐患整改督导

一、隐患督导方式

供电公司应按照“通知、报告、服务、督导”四到位的原则，监督指导客户进行安全隐患整改，实现全过程闭环管理，切实履行社会责任。

（1）用电检查人员需在检查完成后及时将《安全用电建议书》《隐患整改告知书》交由客户相关负责人或企业代表签字。

（2）供电公司定期将客户存在的用电安全隐患上报当地政府相关职能部门，并促请政府主导，加强电力联合检查力度，督促客户限期整改到位。

（3）督促重要电力客户按照国家相关法律规范自身供用电设备安全管理：

1）督促客户按照GB/T 29328—2018《重要电力用户供电电源及自备应急电源配置技术规范》的相关要求，完善供电电源及自备应急电源配置。

2）督促客户进一步完善、规范安全生产及安全用电管理制度。

3）提醒客户按照国家安全生产监督管理总局发布的GB/T 29639—2020《生产经营单位生产安全事故应急预案编制导则》制定或修订相关应急预案。

4）督促客户对本单位电气从业人员的电工岗位从业人员资质进行核实。

5）督促客户为供用电安全管理配备专人负责，提高用电安全意识。

二、隐患整改复查

用电检查人员需通过周期检查或专项检查对重要电力客户历次检查中发现的隐患进行复查。

未能按期整改消除的重大事故隐患，经重新评估仍确定为重大事故隐患的须重新通知客户，进行整改。对经过整改，危险性确已降低、但未能彻底消除的隐患，用电检查人员需根据客户整改情况，对隐患重新进行评估。

第四节 隐患整改报备流程

隐患整改报备流程见图 6－1。

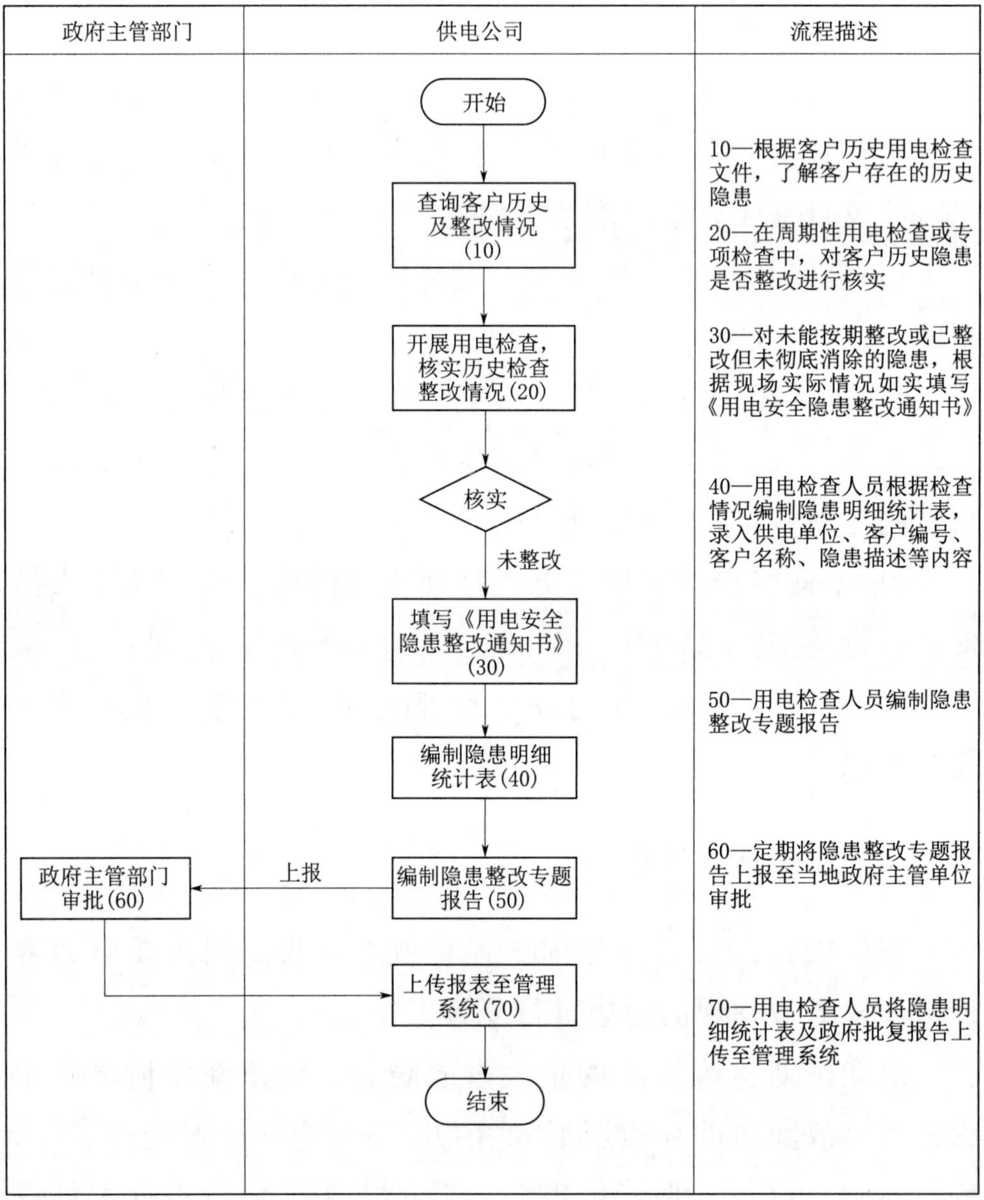

图 6－1　隐患整改报备流程图

第七章

保电及应急演练管理

重要电力客户侧电力服务保障工作（以下简称“客户侧保电”）主要指为满足重大事件、重要政治任务、重大社会活动、重要会议、重要节日及其他等持续供电的需要，并保证客户受电设备在持续供电期间不发生因电力生产事故、设备缺陷事故造成供电中断，而采取的安全管理措施及执行措施。客户侧保电坚持“政府主导、客户主体、电力主动”的三位一体原则。政府主导开展重要活动客户侧保电工作，发布相关政策，协调督促各相关单位（部门）完成保电任务；客户依法承担主体责任，按照政府要求，做好隐患和缺陷的排查治理，确保安全、可靠用电；供电企业主动对接，提供技术支持，督促、指导客户完成隐患和缺陷的排查治理，确保完成客户侧保电任务。

本章描述了客户侧保电工作的前期准备、保电工作开展及应急演练管理的工作要求，分为组织机构与职责、保电分级、保电方案确定、保电前准备、保电方案实施、演练管理六个部分。

第一节 组织机构与职责

一、省级公司职责

（1）重大活动举办地省级公司为保电责任单位，贯彻执行政府部门和公司总部要求，组织所属单位开展重大保电工作，保证所需人力、物力和资金投入。

（2）制定保电工作方案，明确目标和要求，组织做好重大保电工作准备、实施、总结等全过程管理。

（3）开展风险评估和隐患排查治理，会同重大活动举办方确定保电方式，做好配套电力工程建设，以及临时电源保障。

（4）做好电网运行调控，优化电网运行方式，保电期间，重点地区电网保持全接线、全保护运行，不安排设备计划检修和调试。

（5）做好输、变、配电设施运行维护，排查治理缺陷隐患，落实设备设施安全保卫和反恐怖防范措施要求。

（6）做好重点用户供电优质服务，明确供用电安全责任，协助重点用户开展用电安全检查，指导隐患整改，协助制定应急预案。

（7）做好重大活动期间网络安全管控，制定专项方案，开展网络安全隐患排查治理、风险评估，强化防护措施，防范应对网络攻击。

（8）做好保电工作后勤保障，做好维护稳定和保密管理，做好舆论引导和新闻宣传。

（9）建立重大保电工作应急体系和应急机制，制定完善应急预案，开展培训演练，及时处置电力突发事件，按要求向公司总部、当地能源监管机构和地方政府有关部门报送信息。

（10）承担保电相关跨区、跨省输电通道运维和保电支援的省公司为保电支持单位，制定工作方案，落实措施要求，做好工作对接，提供有力支持。

二、地市级公司职责

地市级公司营销部负责组织客户侧保电工作实施，落实保电方案中的各项工作任务。

第二节 保 电 分 级

保电分级包括保电任务分级、保电客户分级、保电时段分级。

一、保电任务分级

（一）特级保电任务

（1）有多国首脑参加的重大国际性活动和党中央、全国人大、国务院、全国政协、中央军委等召开的国家重要会议，有国家领导人参加的重大活动保电任务。

（2）公司总部确定的特级保电任务。

（二）一级保电任务

（1）省级人民政府承办且有省委、省政府主要领导出席，具有重大影响和特定规模的政治、经济、科技、文化、体育、军事等重要活动。

（2）公司总部、省级公司确定的一级保电任务。

（三）二级保电任务

（1）省级人民政府主办并承办且有省委、省政府相关领导出席，具有较大影响和特定规模的政治、经济、科技、文化、体育等重要活动。

（2）省级、地市级公司确定的二级保电任务。

（四）三级保电任务

（1）省级人民政府主办、市县人民政府承办，具有一定影响和规模的政治、经济、科技、文化、体育等重要活动。

（2）省级、地市级、属地供电公司确定的三级保电任务。

二、保电客户分级

按客户（场所）所承担的各项重要活动中的最高等级，确定保电客户重要性等级。等级分为特级、一级、二级和三级。

保电客户（场所）的重要性等级，由举办地公司营销部门和重要活动举办方确认。保电客户（场所）及保电时段的重要性等级实行动态调整。

第三节 保电方案确定

一、保电客户名单确认

（一）核实

保电客户名单以重要活动举办方提供为准，举办地公司营销部门应会同政府相关部门予以核实、确认，梳理形成保电客户名单及其等级。

（二）审批、汇总

经核实、确认后的保电客户名单提交上级部门审批，审批通过后举办地公司营销部门应根据保电客户名单，梳理客户信息，并汇总运检部门梳理的客户供电线路信息和调控中心梳理的涉及客户相关变电所信息。

二、保电方案的编制

（一）编制依据

营销部门应依据《国家电网公司重要活动客户侧保电工作规范》的有关规定，结合客户侧保电工作实际及本单位的保电工作总方案，帮助和督导客户编制客户侧保电方案，明确客户侧保电各项工作任务和要求。

（二）保电方案内容

保电方案应包括组织机构及职责、保电范围、保电时间、阶段划分、重点工作计划、客户侧保电指挥等工作内容。

三、保电资源配置

举办地公司营销部门应按照保电任务类别及重要性等级，梳理测算保电任务所需的人员、车辆、物资，编制保电资源配置清单，履行审批程序后，提交相关专业协同部门进行配置；需要其他单位支援的，应提交上级营销部门审核、协调。

四、保电任务分派

营销部门应根据保电需求，分派营销专业的工作任务和需要其他部门完成的协同任务。

第四节 保电前准备

一、保电人员要求

（1）客户保电作业组织应明确人员类别、人员职责和作业人数。

1）用电检查班班长接收保电方案后根据保电要求分配工作任务。

2）用电检查人员须两人协作执行保电方案，联系客户进行现场保电检查。

（2）客户保电人员应明确作业人员的精神状态和资格要求，作业人员的资格包括作业技能、安全资质和特殊工种资质等。

1）熟悉《中华人民共和国电力法》《电力供应与使用条例》《国家电网有限公司营销现场作业安全工作规程（试行）》等国家现行有关电力法律法规、用电政策和电力系统及电力生产的有关知识。

2）符合国家电网有限公司《供电服务规范》中基本道德和技能规范、诚信服务规范、行为举止规范、仪容仪表规范、营业场所服务规范的要求。

3）工作人员应具有良好的精神状态和身体状况，经医师鉴定，无妨碍工作的病症（体格检查每两年至少一次）。

4）工作人员应着装整齐，个人工具和劳保用品应佩戴齐全。

二、工器具准备

（1）安全帽。

（2）照明器材。

（3）照相机、摄像机。

（4）现场检查仪器仪表。

（5）对讲机。

（6）验电器。

（7）安全工器具。

三、保电客户信息核实

（1）用电检查人员根据保电方案核实客户档案资料，了解客户名称、联系方式、供电电源、用电类别、受电设备、用电负荷等用电档案信息。

（2）用电检查人员根据保电方案掌握客户保电需求，了解客户保电时间、地点、保电设备、保安负荷等需求信息。

（3）各基层单位用电检查人员在确认保电客户信息后，应及时和客户进行沟通联系，再次确认具体保电时间和客户的相关信息，确定现场检查的时间，如客户有其他的需求，用电检查人员应及时将相关信息进行反馈，并联合相关专业人员合理处理或答复客户需求。

四、文件资料

（1）客户基础信息（客户名称、联系方式、供电电源、用电类别、电价类别等）。

（2）客户设备信息（主设备参数、定期校验报告等）。

（3）客户保安负荷情况。

（4）客户图纸（一次电气主接线图、二次系统图、平面布置图等）。

（5）自备电源设备信息。

（6）外接发电车接入预案。

（7）大负荷测试结果。

（8）临时性负荷接入方案。

（9）电气设备事故应急预案。

（10）其他视情况需要准备的客户资料。

（11）《安全用电服务工作联络单》《安全用电建议书》文书，一式两份。

第五节 保电方案实施

一、现场检查

（1）现场进行安全检查，填写《安全用电服务工作联络单》。

（2）各基层单位用电检查人员在保电的检查过程中要对客户的应急预案制定和执行情况进行检查，对客户应急预案编制不全面，应急预案内容考虑不周全、可操作性差等问题应提出指导意见，协助客户进行制定。

（3）现场检查项目须按照保电方案要求开展。

二、隐患整改

（1）用电检查人员在保电现场检查过程中发现隐患应下达《安全用电建议书》限期整改，在整改期限到达后要进行复查。

（2）保电客户的隐患整改情况应定期向政府相关部门进行书面报告。

（3）对保电客户未按期整改或整改不到位的重大及以上的缺陷，向申请保电的部门备案。

三、保电值守

（1）用电检查人员应规范着装，携带常用检查工器具、巡视记录表单、保电卡、口袋书等资料进场。

（2）用电检查人员必须严格遵守值守巡视、交接班、缺陷管理、临时负荷接入管理、信息报送、现场安全、保密等相关制度要求。

（3）严禁擅自操作客户设备。

（4）举办地公司应与保电客户明确保电值守期间的责任分工，根据保电时段等级，双方应提前确定值守方案。

四、保电活动撤离

（1）保电任务结束后，用电检查人员须汇总保电客户内部核查信息及现场保电联络信息汇总表、保电信息核查表，有序撤离。

（2）各供电单位相关管理人员在重大保电工作结束后，要将现场检查情况、备案情况等资料及时进行归档整理，并在客户资料中进行存放。

（3）保电活动结束后，用电检查人员须向上级领导反馈保电工作情况。

第六节　演　练　管　理

客户侧保电演练指保电客户、当地供电公司共同组织保电相关人员，模拟保电值守或突发事件的预想场景，按照应急预案所规定的职责和程序，在特定的时间和地点，执行应急响应任务的演习和训练活动。

一、演练基本原则

演练遵循“立足实战、发现问题、促进整改、补足短板”的原则，检验值守方案、应急处置预案的实效性、适用性和顺畅性，提升客户侧保电综合能力。

二、演练类型

演练主要包括值守演练和应急演练两种类型。

（一）值守演练

值守演练应模拟保电值守场景，覆盖所有值守岗位。主要包括各保电时段值守人员的巡视、工作交接、负荷监控及信息报送等实际工作情况。

（二）应急演练

应急演练应按照事故预想的方式，模拟保电场馆可能出现的突发停电或异常事件，检验客户侧的应急处置能力。应急演练分为单路失电演练和全停演练。

单路失电演练指模拟保电场馆的单条供电线路或单路低压出线失电情况，主要检验客户侧供电拓扑关系，检验高压备自投、ATS、UPS 等装置工作情况及对电压闪动、暂降敏感的重要负荷的影响情况。

全停演练指模拟保电场馆的全部供电线路失电情况，主要检验应急电源投切动作与时序配合情况、停电恢复程序、信息报送与指令收发等内容。

三、应急演练流程

（一）应急演练前期准备

演练前，参演各方应明确危险点并做好安全防护措施，确保演练过程中不发生人员伤亡、财产损失、设备故障等异常情况。演练前期准备分为三部分：演练计划制定、演练方案编制和演练专题培训。

（1）演练计划制定：当地供电公司应会同保电客户，依据保电准备工作的进程安排，结合其他专业演练或综合演练，制定演练计划。

（2）演练方案编制：客户侧演练方案应包括演练科目及时间、场景、电气状态设置、事件模拟、处置流程等主要内容和安全要求。参加跨专业联合演练、跨行业综合演练时，客户侧演练内容应并入上述演练方案，不再单独制定客户侧演练方案。

(3) 演练专题培训：演练负责人应根据演练方案组织完成演练人员、物资、装备、环境等各方面的准备，并填制《供电公司应急发电车申请表》（附件 11），提前做好应急移动设备的就位，并组织专题培训。

(二) 应急演练方案实施

(1) 演练开展：演练时，参演人员根据演练指令，按照演练方案规定的程序开展演练，不得擅自增加或减少内容。采用文字、照片和音像等手段记录演练过程。

(2) 应急处置：演练期间发生突发停电、安全事件等意外情况时，立即终止演练，转入应急处置，并向演练导演组汇报。

(三) 应急演练结束

(1) 演练工作总结：举办地公司应会同保电客户开展演练评估，并编制客户侧电力保障演练评估报告。

(2) 问题整改：根据演练评估报告提出整改意见。

(3) 保电方案完善：根据演练评估报告、整改意见，完善保电方案、应急预案。

第七节 保 电 流 程

保电流程见图 7-1。

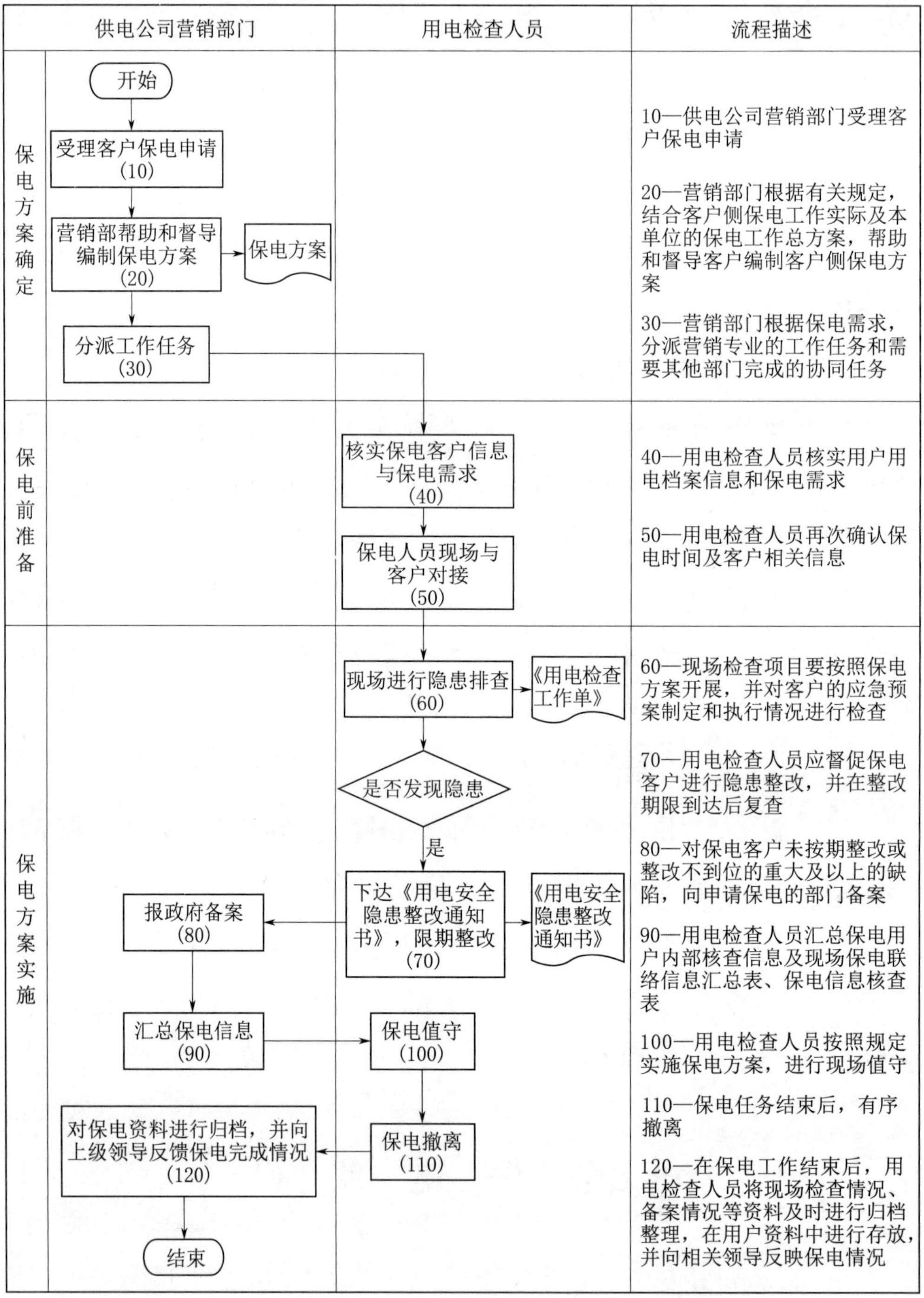

供电公司营销部门
用电检查人员
流程描述
保电方案确定
开始
受理客户保电申请 (10)
营销部帮助和督导编制保电方案 (20)
保电方案
分派工作任务 (30)
10—供电公司营销部门受理客户保电申请
20—营销部门根据有关规定，结合客户侧保电工作实际及本单位的保电工作总方案，帮助和督导客户编制客户侧保电方案
30—营销部门根据保电需求，分派营销专业的工作任务和需要其他部门完成的协同任务
保电前准备
核实保电客户信息与保电需求 (40)
保电人员现场与客户对接 (50)
40—用电检查人员核实用户用电档案信息和保电需求
50—用电检查人员再次确认保电时间及客户相关信息
保电方案实施
现场进行隐患排查 (60)
《用电检查工作单》
是否发现隐患
是
下达《用电安全隐患整改通知书》，限期整改 (70)
《用电安全隐患整改通知书》
报政府备案 (80)
汇总保电信息 (90)
保电值守 (100)
保电撤离 (110)
对保电资料进行归档，并向上级领导反馈保电完成情况 (120)
结束
60—现场检查项目要按照保电方案开展，并对客户的应急预案制定和执行情况进行检查
70—用电检查人员应督促保电客户进行隐患整改，并在整改期限到达后复查
80—对保电客户未按期整改或整改不到位的重大及以上的缺陷，向申请保电的部门备案
90—用电检查人员汇总保电用户内部核查信息及现场保电联络信息汇总表、保电信息核查表
100—用电检查人员按照规定实施保电方案，进行现场值守
110—保电任务结束后，有序撤离
120—在保电工作结束后，用电检查人员将现场检查情况、备案情况等资料及时进行归档整理，在用户资料中进行存放，并向相关领导反映保电情况

图7-1 保电流程图

第八章

风 险 防 范

为了有效防范电网大面积停电风险，建立以科学防范为导向，流程管理为手段，全过程闭环监管为支撑的全面覆盖、全程管控、高效协同的电网安全风险管控机制，应当高度重视电网安全风险管控工作，定期梳理电网安全风险，有针对性地做好风险识别、风险分级、风险监视、风险控制工作，以便及时了解、掌握和化解电网安全风险。

本章描述了各类风险可能发生的形式和防范措施，分为现场检查风险预控、自备应急电源风险预控、客户事故调查风险防控、客户保电风险预控、违约用电风险预控和电网风险预警告知与反馈六个部分。

第一节 现场检查风险预控

一、安全管控

（1）作业活动中用电检查人员应遵守并执行《国家电网有限公司营销现场作业安全工作规程（试行）》规定，现场作业需持有供电公司签发的派工单。现场工作检查时应与带电设备保持安全距离，并做好安全防护。

（2）现场严禁操作客户用电设备。

二、风险描述

（1）未制定检查计划或检查计划漏项。

（2）客户用电检查信息填写错误或漏项。

（3）现场检查不到位或检查项目缺失，造成客户隐患未及时发现的风险；检查过程中可能发生的设备故障、人身触电风险。

（4）现场检查漏检客户设备，造成基础信息失真风险。

（5）客户用电设备存在的缺陷和隐患未及时发现，造成客户用电安全风险。

（6）客户拒绝签字、拒绝开展隐患整改。

（7）检查资料丢失不全。

三、风险预控

（1）用电检查班长严格按重要电力客户的检查要求制定检查计划。

（2）用电检查人员严格按照周期检查计划正确填写客户基本信息。

（3）严格按照周期性检查计划执行检查，预防检查不到位。必要时应向客户行函，告知安全隐患和整改建议。严格按照《国家电网有限公司营销现场作业安全工作规程（试行）》开展检查工作，不得在检查现场替代客户进行电工作业，严禁操作客户设备。

（4）加强对重要电力客户报装入口的管理，认真审核重要电力客户提供的设备信息资料，预防基础信息失真。

（5）严格按照检查计划执行用电检查，对于各项用检指标认真核查清理，督导客户消除用电设备缺陷和隐患。

（6）用电检查人员需及时保存、保护现场检查资料，督导客户进行隐患整改，上报地方政府职能部门备案。

（7）用电检查人员应及时将检查资料归档，预防资料丢失。

第二节　自备应急电源风险预控

一、安全管控

（1）作业活动中用电检查人员应遵守并执行《国家电网有限公司营销现场作业安全工作规程（试行）》规定。

（2）现场严禁操作客户用电设备。

二、风险描述

（1）现场检查时，存在无法核实客户自备电源设备信息或自备电源信息缺失的情况，造成自备电源管理风险。

（2）自备应急电源的允许断电时间、容量、停电影响未达到保安负荷的要求。

（3）自备应急电源的接入条件未达到相应标准。

（4）自备应急电源的防误闭锁装置被拆除或失效。

（5）自备应急电源未按期进行安全检查、预防性试验、启机试验和切换装置的切换试验。

（6）自备应急电源未符合国家有关安全、消防、节能、环保等技术规范和标准要求。

三、风险预控

（1）用电检查人员要求客户提供准确的自备电源备案资料，并与现场设备对应一致，杜绝客户违约更换自备电源。

（2）自备应急电源的允许断电时间、需求容量、持续供电时间和供电质量的技术要求应严格按照 GB/T 29328—2018

《重要电力用户供电电源及自备应急电源配置技术规范》的标准核实、检查。

（3）重要电力客户应具备自备应急电源接入条件，有特殊供电需求及临时重要电力客户，应配置应急发电车接入装置。重要电力客户的自备应急电源在使用过程中禁止自行变更自备应急电源接线方式。

（4）自备应急电源应具备可靠的防误闭锁装置，且切换逻辑应正确。

（5）重要电力客户必须按期对自备应急电源进行安全检查与预防性试验。

（6）重要电力客户所设自备发电机组需向属地供电公司提供环评、安检等相关资料，自备应急电源处的消防措施应可靠（如发电机燃油应单独放置等），以防止事故的发生。

第三节　客户事故调查风险防控

一、安全管控

（1）作业活动中用电检查人员应遵守并执行《国家电网有限公司营销现场作业安全工作规程（试行）》《国家电网有限公司安全事故调查规程》规定。

（2）现场严禁操作客户用电设备。

二、风险描述

（1）客户事故原因、事故前（后）照片、造成损失、预防措施等内容缺失，存在客户事故调查不准确的风险。

（2）用电检查人员在填写《设备事故调查报告》时存在事故描述不清，定性不准，漏项及避重就轻现象；若客户（负责人）未签字确认，造成将来认定故障责任时，客户推诿、不认可。

（3）可能存在事故资料收集不完整，事故损失统计缺失，事后可能存在法律风险。

（4）取证资料丢失。

三、风险预控

（1）提高检查人员工作水平，严格按照《国家电网有限公司安全事故调查规程》和“四不放过”原则，填写《设备事故调查报告》并要求客户签字确认。

（2）用电检查人员需及时整理完善事故相关检查记录，形成完整的事故调查资料链。

（3）《设备事故调查报告》及相关音像资料应执行多级审核，由专责审核后，经主任复审，报分管领导批准，确认调查资料链的有效性和完整性。

（4）用电检查人员应及时将资料进行归档，预防资料丢失。

第四节 客户保电风险预控

一、安全管控

（1）作业活动中用电检查人员应遵守并执行《国家电网

有限公司营销现场作业安全工作规程（试行）》规定。

（2）现场严禁操作客户用电设备。

二、风险描述

（1）客户基本信息错误导致方案执行错误风险。

（2）客户交代保电需求不全面，客户保电活动供电保障信息存在不确定性。

（3）客户应急预案缺失或不具备执行性，在紧急情况下，有可能造成客户保电任务失败的风险。

（4）现场检查不到位或检查项目缺失，造成客户隐患未及时发现的风险；检查过程中可能发生的设备故障、人身触电风险。

（5）针对保电客户检查发现的隐患未进行整改或不及时整改，有造成保电客户停电的风险。

（6）未及时上报地方政府职能部门备案。

（7）检查资料丢失不全。

（8）误碰触带电设备，造成人身伤亡。

（9）反馈信息不全面。

三、风险预控

（1）用电检查人员应仔细核对客户信息，确保“电力营销业务应用系统”与现场基本信息一致。

（2）用电检查人员需与所需保电客户进行沟通，了解客户需求。供电保障单位应加强与活动主办单位或政府相关部门的密切联系，及时掌握活动内容和变更情况。

（3）用电检查人员在保电的检查过程中要对客户的应急预案制定和执行情况进行检查，对客户应急预案编制不全面、应急预案内容考虑不周全、可操作性差等问题应提出指导意见，协助客户进行制定，并进行模拟演练。

（4）用电检查人员在执行保电检查过程中应做到：

1）检查过程严格按照《国家电网有限公司营销现场作业安全工作规程（试行）》和作业指导书进行，确保工作安全。

2）排查过程中对保电电源接入点的安全隐患检查到位，并在《安全用电建议书》中明确体现具体内容，避免责任风险。

3）对客户隐患要进行督促整改并及时在政府备案，避免企业风险。

（5）用电检查人员应严格遵照《安全用电建议书》内容要求，执行用电工作检查。必要时应向客户行函，告知安全隐患和整改建议。严格按照《国家电网有限公司营销现场作业安全工作规程（试行）》开展检查工作，不得在检查现场替代客户进行电工作业，严禁操作客户设备。

（6）用电检查人员对客户存在的隐患要下达《安全用电建议书》并要求客户签字确认，明确整改期限，在整改期限到达后要进行复查，复查仍未整改的要及时进行政府和相关部门备案工作。

（7）用电检查员人须及时将信息及资料整理归档，预防资料丢失。

（8）用电检查人员进入作业现场应严格执行“双穿一戴”（穿全棉长袖工作服，穿绝缘鞋，正确佩戴安全帽），在现场与带电设备保持安全距离，保证人员的现场安全。

（9）用电检查班长须核实保电工作完成情况，反馈信息全面、准确。

第五节 违约用电风险预控

一、安全管控

（1）作业活动中用电检查人员应遵守并执行《国家电网有限公司营销现场作业安全工作规程（试行）》规定，现场作业持有供电公司签发的派工单。检查工作应与带电设备保持安全距离，并做好安全防护。

（2）现场严禁操作客户用电设备。

二、风险描述

（1）现场测量工作如果不遵守《国家电网有限公司营销现场作业安全工作规程（试行）》，有可能造成人身触电的风险。

（2）违约、窃电用电现场检查不到位，调查取证不齐全，客户不配合调查取证。

（3）客户提供负荷资料不准确不齐全，导致负荷测算不准确。

（4）客户对擅自增容、使用变压器等违约行为拒绝签字。

（5）客户对中止供电拒绝签字。

（6）违约、窃电现场设备未及时封存，造成后期处置证据缺失。

(7) 恢复供电现场作业时，有可能会误碰触带电设备，或者存在误踩沟坎、踏空孔洞，高处坠落等风险，造成人身伤亡。

(8) 现场取证资料取用不全或丢失。

三、风险预控

(1) 使用监测仪表应与带电部分保持安全距离，必要时使用绝缘挡板，另一人负责安全监督。

(2) 用电检查人员在进行现场取证工作之前应制定完善的检查取证方案，配备充足的检查人员，必要时寻求当地公安部门的配合，要利用技术手段对现场取证工作查实查细，此外要规范现场服务，使用规范的业务语言，现场对客户提出的意见或建议要认真记录并及时反馈，避免发生争执或人身伤害。

(3) 审查客户负荷明细，根据客户现场情况，对照客户资料，测算不同类别负荷占比（量）。

(4) 对于客户拒绝对《违约用电（窃电）通知书》（附件12）、《中止供电通知书》（附件13）签字这一行为，用电检查人员应做好保存、保护现场取证资料的工作。

(5) 用电检查人员须及时封存已发现和处置的现场设备，并做好照相（录像）记录，如果客户拒不配合记录现场情况，必要时请公安部门配合。

(6) 用电检查班长须及时整理完善现场取证资料，形成完整的证据链。

（7）用电检查人员在进行恢复供电作业工作时，应严格遵守《国家电网有限公司营销现场作业安全工作规程（试行）》工作监护制度，两人一组，注意观察周边工作环境，相互监护提醒。

（8）用电检查人员须留存取证资料，存入客户档案。

第六节　电网风险预警告知与反馈

（1）电网运行风险预警通知单由调控部门会同相关部门根据电网检修、设备隐患、施工跨越、重大保电、灾害天气等情况，依据预警条件和预警评估结果进行编制，并在通过审核后通过“国家电网公司安监管理平台”发布预警信息。

（2）对风险预警涉及的二级及以上重要电力客户，营销部门至少提前2个工作日向客户书面送达《电网运行风险预警告知单》（附件15）并签收，“预警告知单”主要内容包括预警事由、预警时段、风险影响、应对措施等，督促客户合理安排生产计划，做好防范准备。

（3）客户签收后，营销部门将签收后的电网风险预警告知单与电网风险预警反馈单上传至“国家电网公司安监管理平台”。

第七节　电网风险预警流程

电网风险预警流程见图8-1。

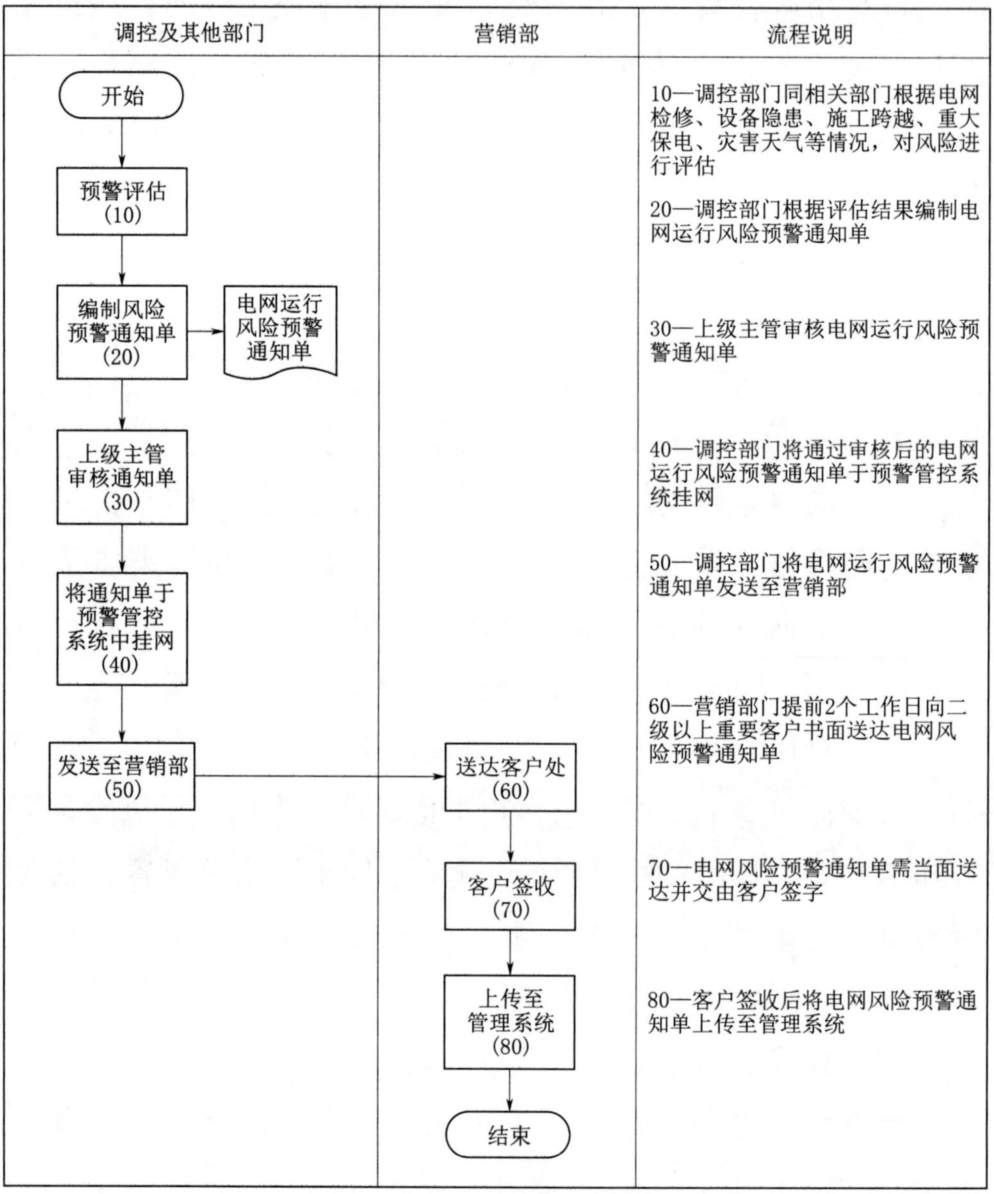

图 8－1　电网风险预警流程图

第九章

典 型 案 例

第一节 ××焦化煤气公司“7·13电力雷害故障”事件

一、事故简要

2009年7月13日晚10时20分，××焦化煤气公司主供电源110kV×××变电站35kV煤气一回（宜33开关）因暴雨天气，遭雷击跳闸，重合闸未成功。冷备用电源35kV煤气二回（宜34开关）试送未成功。客户紧急采取燃放一氧化碳和炼焦炉降温的方式，防止生产事故发生。电力抢修人员经过冒雨抢修，于4h后，备用电源恢复供电，××焦化煤气公司生产事故警报解除。

本次雷击停电事故，造成××焦化煤气公司损失40万余元。随后，客户向供电部门发电函，进行索赔。

二、事故原因

经现场巡视，造成电力中断的原因为：

（1）雷击是造成电力中断事故的直接原因。

（2）主供电源线路瓷瓶被雷电击穿，在不能送电的状态下，客户侧冷备用电源线路因刀闸故障，不能正常闭合是造成电力中断事故的主要原因。

（3）客户对所属产权的双回路供电线路维护不到位，是造成电力中断事故的又一主要原因。

（4）××焦化煤气公司属于高危客户，没有按照国家安全生产的相关规定，配备独立的双电源和自备发电机组，是造成电力中断事故的间接原因。

(5) 供电部门用电检查人员开展高危客户安全隐患检查时，向客户下达了《隐患整改告知书》，客户没有进行隐患整改，是造成电力中断事故的又一间接原因。

三、处理结果

本次事故产生的主要原因是雷击，次要原因是××焦化煤气公司主供电源线路存在隐患与未配备自备应急电源。而××市供电公司在事故发生前已就××焦化煤气公司存在的这几点隐患多次下达了《隐患整改告知书》，多次向客户说明隐患情况，并提出切实可行的整改意见。无论客户从事故产生的主要原因还是次要原因对××市供电公司进行索赔，都没有法律依据。××市供电公司在职责范围内已尽其应有义务，在客户方提出索赔要求之后，××市供电公司向客户出示事故发生前下达的《隐患整改告知书》及相应证据，随后客户撤诉。

四、防范措施

(1) 供用电双方针对电源设施开展全面的维护检修，消除设备隐患。

(2) 客户完善停电应急预案，强化电力故障的处置能力。

(3) 供电部门坚持“通知、报告、服务、督办”四到位的原则，严格要求客户执行高危客户的供用电电源配备标准，督导客户进行安全隐患整改。

第二节 ××客运专线有限公司（××市火车站）重大隐患整改

一、事故简要

××客运专线有限责任公司（××市火车站）的供电专线桂家湾变电站110kV桂122桂火线第4基杆塔因第3、第4基杆塔之间回填渣土，致使塔基位移，塔上悬挂瓷瓶与地面垂直倾角达30°以上，塔身严重倾斜，随时会造成倒塔、断线、线路对铁塔放电，危及电网、人身安全以及××市火车站的牵引、信号与调度，严重影响铁路安全运行。根据××客运专线有限责任公司与××市供电公司签订的《供用电合同》第八条关于供电设施维护管理责任的界定，110kV桂火线属××客运专线有限责任公司负责维护并承担相应的安全管理责任。

在××市供电公司先后6次下达《用电客户重大隐患整改告知书》，并向责任主体武广客运专线有限责任公司（××市火车站）和连责单位××市铁路局进行书面函告收效甚微后，2012年8月23日××市供电公司以红头文件形式向××区经信委、市经信委进行了专题汇报，在市经信委、区经信局多次协调下，各方对隐患整治达成了共识。2012年8月30日，××市××区人民政府主持召开了关于协调解决××市火车站桂火线4号铁塔存在重大安全隐患的专题会议，但隐患整治实施主体及整治费用等问题未得到落实。2012年10月19日

××市供电公司向市经信委上报《关于恳请督促重要电力用户尽快消除“十八大”用电安全专项检查发现隐患的报告》。

2012年11月22日上午××高压班检查人员例行巡查时发现第4机铁塔处××垃圾场多台推土机等大型机械设备一直以来未停止垃圾、渣土推埋作业，4号塔隐患加剧，因导线长期异常受力，悬式绝缘子与导线固定线夹处两端导线散股，随时有断线的可能。

二、事故原因

新4号塔塔位在设计过程中受周边地理条件限制以及满足线路弧垂对底距离技术要求和跨越垃圾山等情况，新组立的4号塔只能位于原4号塔靠小号侧的鱼塘边。因新4号塔一侧垃圾山重新堆积和另一侧鱼塘填土，对基础受力土体层产生了较大的水平挤压力，且方向和大小不一致，因此铁塔基础在水平方向不均匀受力后，产生很大的水平位移和垂直位移，同时还有扭曲变形。

三、处理结果

1. ××市供电公司在用电检查过程中发现供电专线桂××变电站110kV桂122桂火线第4基杆塔因第3、第4基杆塔出现隐患后，立刻下达《隐患整改告知书》，写明隐患问题，要求××市火车站快速整改。

2. ××市供电公司立即上报××市经信委，由政府出面协调解决隐患。

3. 在随后的用电检查过程中发现隐患仍未整改后，再次下达《隐患整改告知书》，并联系相关政府部门，由政府部门牵头召开整改会议，解决隐患，防止电力事故的发生。

四、防范措施

对于重要电力客户，供电公司应从供电电源、应急电源、受电设施、应急预案、运行管理等多个方面认真分析隐患原因及严重程度，对于属于客户责任的安全隐患逐户开出书面整改通知单，加强隐患治理业务指导和服务。

若用电客户未在规定期限内进行整改，供电企业的各个部门应及时反馈给当地经信委、安监局等政府部门，积极与当地经信委、安监局交流，对于可能引起严重危害的隐患，应恳请当地经信委、安监局等相关部门参与，通过当地经信委、安监局等政府部门的督促管理，促进用电客户及时地对存在安全隐患的电气设备进行整改。

第三节　××县非法小煤窑协泰井“4·15”较大瓦斯事故

一、事故简述

2016 年 4 月 15 日，××市××县××镇非法小煤窑协泰井发生一起较大瓦斯爆炸事故，造成 3 人死亡。协泰井位于××县××镇××村境内，其主平洞为原××县××矿业有限责任公司××煤矿已关闭的 7 号井。该井为独眼井开采，平洞-暗斜井开拓，仅主平洞与地面相通，无回风大巷，无第二安全出口。井下有两个采煤作业点。协泰井无采矿许可证、安全生产许可证、工商营业执照和矿长安全资格证，不具备安全生产条件，属应关未关的非法矿井。

二、事故原因

（一）直接原因

协泰井为独眼井开采，通风不良，采煤作业点位于独头巷道，局部通风机存在循环风，造成瓦斯积聚达到爆炸界限；采煤工具电镐电缆明接头短路，产生电火花引起瓦斯爆炸，造成作业面 3 人死亡。

（二）间接原因

协泰井无证无照，非法盗采煤炭资源；采用独眼井开采，巷道式、前进式采煤，不具备基本安全生产条件，并私自架设供电设备、私接或偷接电源。

三、处理结果

（1）××县供电公司接到事故通知后，立即启动应急预案，安排首批保电人员到达事故现场，现场附近变电站恢复值班工作，并调用公司应急电源车到达事故现场，保持设备运行。

（2）××县供电公司对协泰井的报装资料、用电情况及现场检查资料进行了全面核查。

四、防范措施

供电公司应对客户用电设备管理信息及时更新，并对客户应急预案的编制严格审查，着重审核其应急预案是否符合实际，并核对客户供用电设施的产权分界点及维护管理责任划分是否清晰，避免电网侧事故责任。

高度重视煤矿、非煤矿山等高危客户供用电安全工作，常态化开展高危客户供用电安全隐患排查治理，及时整改供电侧安全隐患，督导客户及时整改用电侧安全隐患，并将相关情况报地方政府主管部门备案。

事故发生后，供电公司应立即做好应急响应，了解客户供电电源、运行方式、线路走向及相关设备操作流程与要领，确保能正确、快速处理突发事件，保障事故现场的电力供应。

第四节　××电业局“3·7”触电事故

一、事故简述

2013年3月7日，××省××电业局根据客户××天弘机电设备有限公司（以下简称“天弘公司”）的申请，安排对其自建的10kV配电室业扩项目进行竣工检验。

××电业局营销部大客户经理班客户经理持派工单，组织营销部计量班、用电检查班、采集运维班4位专工，协同施工方，于上午9：55到达天弘公司10kV配电室。此时高压进线柜前后柜门都处于打开状态，中置式手车开关在试验位置，下柜电压互感器手车未推入开关柜。上午10：30左右，客户经理、用电检查专工在变压器室验收检查；计量班专工检查结束离开配电室；施工方与采集运维班专工在高压室进线柜处验收检查。为了核查进线柜线路电压互感器二次接线，采集运维班专工进入打开状态的开关柜内，已带电线路电压互感器高压侧对其头部及双手放电，经抢救无效于3月7日上午11：20死亡。事故造成直接经济损失60万元。

二、事故原因

（一）直接原因

采集运维班专工没有查看带电显示，没有验明设备确无电压并采取安全措施的情况下，在客户配电室进入打开状态的10kV开关柜内核查线路电压互感器接线，这是事故发生的直接原因。

（二）间接原因

（1）营销业扩项目部项目客户经理对仍存在缺陷的业扩项目安排接电，验收组织和安全交底不到位，对已接电的客户设备进行验收时没有将其视为“运用中设备”，没有使用工作票，没有进行停电、验电、挂接地线。

（2）该业扩工程接入电网后，配网调度部门异动发布没有核对现场实际状态，图实不符，导致2013年3月4日在执行10kV东车线富洋开发区分线转检修操作中，发出错误指令，将本该是检查6号杆天弘公司刀闸断开的指令，写成断开6号杆天弘公司刀闸的指令；操作人员发现6号杆刀闸已在断开位置，与调度指令不符，对此错误指令没有提出异议，致使调度员认为6号杆天弘公司刀闸原始状态是在合闸位置的错误未得到纠正，又下达了将该线6号杆天弘公司刀闸合上的错误指令，另一班操作人员恢复送电时又按照错误的调度指令将6号杆刀闸合闸，造成10kV进线柜带电。

（3）业主天弘公司和施工单位××××安全管理混乱。业主单位“以包代管”，没有对工程进行安全监督管理；施工单位聘用的作业人员劳动技能及业务素质不满足安全工作的需要；报请验收的设备管理混乱，申请接电后的高压设备没有设置安全警示标志，现场高压柜前后的上、中、下柜门处于敞开状态，计量电压互感器拉出柜外，导电部位裸露，使用的KYN28－12开关柜进线侧未带接地刀闸，电磁锁等开关柜本体防护闭锁措施没有投入，没有对现场作业人员进行安全交底。

三、处理结果

××电业局开展为期一周的停工整顿安全学习反思活动，领导及各级管理人员参加生产部门及班组学习反思活动，认真吸取事故教训，深刻查找各个管理及施工环节中存在的安全问题，举一反三，制定并落实切实可行的防范措施和整改计划。

××电业局开展为期一个月的安全生产大整顿活动。结合春季安全大检查工作，针对事故暴露的问题，对营销业扩报装过程中在管理制度、“两票”执行、现场安全措施落实、人员不规范行为等方面存在的安全隐患进行排查整治。明晰业扩报装的勘察、中间检查、竣工检验、装表、接电等全过程职责分工、工作界面和工作流程，夯实安全基础。

××电业局组织对配电倒闸操作规范要求进行学习宣贯，规范配电倒闸操作行为，强调以下工作要求：操作前操作人员必须现场确认开关、刀闸的状态，如有发现状态与调度指令不相符及其他异常状态，必须第一时间向调度汇报。遇到不具备送电条件或有故障无法送电的设备、线路，操作人员要在现场对进线开关、刀闸悬挂“禁止合闸”标志牌，向调度汇报，并在当天的值班记录中进行记录，通报设备管理班组，抄送部门负责人、分管领导、专责。

四、防范措施

工作人员现场工作时应严格落实安全措施，主动做好自我防护。工作负责人必须与客户方的电气工作人员一起认真检查现场所做的安全措施，确认工作范围内的设备已停电，安全措施符合现场工作需要，经双方确认后方可开始工作。必要时，工作负责人应安排使用自带的验电器（笔）对客户电气设备再次进行验电。在新装（增容）客户尚未接入电网（接火）的主要电气设备上作业，应事先验电，并做好防止反送电的预防措施。对状态不明的电气设备，均应视为运用中的设备。

业扩报装人员需重点学习国家电网公司《关于加强业扩报装环节安全管理的紧急通知》《营销业扩报装工作全过程防人身事故十二条措施（试行）》《防止人身事故六十条重点措施》《加强特殊时段、非计划性及小型、分散作业安全管理规定》《关于发布贯彻营销业扩报装工作全过程防人身事故措施的有关规定（试行）的通知》等，查漏补缺，规范操作，落实整改。

第五节 ××省××煤电有限公司石屏一矿“3·25”停电事件

一、事故简述

2017年3月25日，××省××市供电公司××供电分公司以石屏一矿2017年3月欠费为由对该矿停止供电，导致石屏一矿矿井双电源同时失电，多套设备突然停机，矿井瓦斯全面超限报警，最高瓦斯浓度达到18.2%，致当时井下227人遇险。

二、事故原因

××供电分公司安全意识、法律意识差，违规停电。现行法律法规及公司各级文件对停（限）电的启动条件、审批程序、采取措施等有明确规定，××供电分公司在实际工作中均未有效遵守。一是明知石屏一矿2月电费已缴清，3月所欠电费逾期尚未超过30日的情况下，未严格执行《电力供应与使用条例》（国务院令第196号）第三十九条之规定，违规启动停电程序；二是违反国务院相关条例和省市电力公司关于“重要高危客户的停（限）电审批由地市公司副总经理（局长）批准”的规定，越权审批停电；三是未严格履行相关停送电手续，凭相关人员口头或电话通知进行，随意性大，管理混乱。

石屏一矿对停电预警重视不够，处置不力。石屏一矿在未按合同约定按时结清电费情况下，未主动与供电公司沟通、协调。特别是3月25日在接到××供电分公司一而再、再而三的停电电话通知，相关人员在与古蔺供电分公司沟通协调不通的情况下，未及时报告煤矿主要负责人、上级公司和市级相关部门，同时未积极采取应对措施，提前撤出井下作业人员。

三、处理结果

事件发生后，××省人民政府安办、××市人民政府领导高度重视，立即成立了以××市副市长为组长，××市安监、公安、监察、经信委、国资委等相关部门为成员的调查组，对石屏一矿“3·25”停电事件开展了全面调查，对责任人员及责任单位进行了严肃处理。

××供电分公司、石屏一矿对此次事件的发生均负有不同程度的管理责任，依据安全生产有关法律法规，由××市安监局分别给予行政处罚。

（1）对××供电分公司：营销部（客户服务中心）主任、副总经理、总经理分别给予撤职、降级、记过处分。

（2）对石屏一矿：代理机电副总工程师、机电副总经理分别给予警告、记大过处分。

四、防范措施

供电部门计划对煤矿实施停（限）电前应事先与煤矿企业充分沟通、协商并同时按煤矿企业属地分级管理原则报告县级、市级相关部门，供用电双方协商无果的，报请县级、市级相关部门组织沟通协调。经沟通、协商、协调确需实施停（限）电的，供电部门要严格按有关规定履行审批手续，提前向煤矿送达停电通知书，煤矿提前采取相应应对措施。

供电部门要切实加强对煤矿供电的管理和系统维护，保证对煤矿日常供电特别是极端气候条件供电的稳定、可靠，严格执行煤矿等高危行业停送电有关法律、法规和审批程序规定，坚决杜绝违反相关规定和审批程序对煤矿实施非计划停送电事件发生。

附　　件

附件 1　重要电力客户基础信息台账

附表 1－1

重要电力客户基础信息台账

单位：××电力公司

序号	公司	供电单位(县公司/营业及电费室/市场及大客户室)	客户名称	户号	行业分类		重要电力客户分类(高危/重要)	重要客户级别(临时/一级/二级)	供电电压(kV)	容量(kVA)	自备应急电源(kW)	自备电源类型(自备电厂、柴油发电机、UPS、铁路跨区供电)	保安负荷容量(kVA)	供电电源是否合格	自备应急电源是否合格	电源性质(单电源/双电源/多电源)	供电电源									是否新增客户	配电室是否在地下	产能	瓦斯情况	备注	其他说明
																	第一路电源			第二路电源			第三路电源								
					Ⅰ级	Ⅱ级											变电站名称	线路双重编号	线路性质(专线/行专/公用)	变电站名称	线路双重编号	线路性质(专线/行专/公用)	变电站名称	线路双重编号	线路性质(专线/行专/公用)						

附件 2　重要电力用户分类

根据目前不同类型重要电力用户的断电后果，将重要电力用户分为社会类和工业类两类，工业类分为煤矿及非煤矿山、危险化学品、冶金、电子及特种制造业、军工 5 类；社会类分为党政司法机关和国际组织，广播电视，通信，信息安全，公共事业，交通运输，医疗卫生和人员密集场所 8 类。

附表 2－1　　重要电力用户所在行业分类

<table>
<tr><th colspan="3">重要电力用户分类</th></tr>
<tr><td rowspan="11">[A]
工业类</td><td rowspan="2">[A1] 煤矿及非煤矿山</td><td>[A1.1] 煤矿</td></tr>
<tr><td>[A1.2] 非煤矿山</td></tr>
<tr><td rowspan="4">[A2] 危险化学品</td><td>[A2.1] 石化</td></tr>
<tr><td>[A2.2] 盐化</td></tr>
<tr><td>[A2.3] 煤化</td></tr>
<tr><td>[A2.4] 精细化工</td></tr>
<tr><td colspan="2">[A3] 冶金</td></tr>
<tr><td rowspan="2">[A4] 电子及特种制造业</td><td>[A4.1] 电子</td></tr>
<tr><td>[A4.2] 特种制造业</td></tr>
<tr><td rowspan="2">[A5] 军工</td><td>[A5.1] 航天航空、国防试验基地</td></tr>
<tr><td>[A5.2] 危险性军工生产</td></tr>
<tr><td rowspan="5">[B]
社会类</td><td colspan="2">[B1] 党政司法机关、国防、国际组织、各类应急指挥中心</td></tr>
<tr><td colspan="2">[B2] 通信</td></tr>
<tr><td colspan="2">[B3] 新闻媒体</td></tr>
<tr><td rowspan="2">[B4] 信息安全</td><td>[B4.1] 数据中心</td></tr>
<tr><td>[B4.2] 银行</td></tr>
</table>

续表

重要电力用户分类		
[B]社会类	[B5] 公共事业	[B5.1] 供水、供热
		[B5.2] 污水处理
		[B5.3] 供气
		[B5.4] 天然气运输
		[B5.5] 石油运输
	[B6] 交通运输	[B6.1] 民用运输机场
		[B6.2] 铁路、轨道交通、公路隧道、港口码头
	[B7] 医疗卫生	
	[B8] 人员密集场所	[B8.1] 五星级以上宾馆饭店
		[B8.2] 高层商业办公楼
		[B8.3] 大型超市、购物中心
		[B8.4] 体育馆场馆、大型展览中心及其他重要场馆

注： 1. 本分类未涵盖全部行业，其他行业可参考本分类。

2. 不同地区重要电力用户分类可参照各地区发展情况确定。

附件3　重要电力用户的范围

为便于对重要电力用户范围的界定，附表3－1列出了部分重要电力用户及其断电影响。

附表3－1　　　　重要电力用户范围

重要电力用户类别		重要电力用户范围	断电影响
[A]工业类	[A1.1] 煤矿	井工煤矿	可能引发人身伤亡
	[A1.2] 非煤矿山	井工非煤矿山	可能引发人身伤亡
	[A2.1] 石油化工	以石油为原料的化工企业	可能引发人身伤亡、中毒、爆炸或火灾等重大安全事故，造成重大经济损失和严重环境污染
	[A2.2] 盐化工	以粗盐为原料的化工企业	可能引发人身伤亡、中毒、爆炸或火灾等重大安全事故，造成重大经济损失和严重环境污染
	[A2.3] 煤化工	以煤为原料的化工企业	可能引发人身伤亡、中毒、爆炸或火灾等重大安全事故，造成重大经济损失和严重环境污染
	[A2.4] 精细化工	生产精细化学品的化工企业	可能引发人身伤亡、中毒、爆炸或火灾等重大安全事故，造成重大经济损失和严重环境污染
	[A3] 冶金	黑色金属和有色金属的冶炼和加工企业	可能引发人身伤亡、爆炸或火灾等重大安全事故，造成重大经济损失

续表

重要电力用户类别		重要电力用户范围	断电影响
[A]工业类	[A4] 制造业	汽车、造船、飞行器、发电机、锅炉、汽轮机、机车、机床加工等机械制造和电子企业	可能引发人身伤亡，造成重大经济损失
	[A5] 军工	航天航空、国防试验基地、危险性军工生产企业	可能造成重大政治影响和重大社会影响，可能引发人身伤亡
[B]社会类	[B1] 党政司法机关、国际组织、各类应急指挥中心	国家级首脑机关的办公地点，外国驻华使馆及外交机构，省级党政机关、地市级党政机关和一些重要的涉外组织；以及气象监测指挥和预报中心、电力调度中心、重要水利大坝、重要的防汛防洪闸门、排涝站、地震监测指挥预报中心、防汛防灾等应急指挥中心、消防（含森林防火）指挥中心、交通指挥中心、公安监控指挥中心等重要应急指挥中心、人民防控指挥中心	可能造成重大政治影响和重大社会影响
	[B2] 通信	国家级和省级的枢纽、容灾备份中心、省会级枢纽、长途通信楼、核心网局、互联网安全中心、省级 IDC 数据机房、网管计费中心、国际关口局、卫星地球站	可能造成大的社会影响

续表

重要电力用户类别		重要电力用户范围	断电影响
[B]社会类	[B3] 广播电视	国家级和省级广播电视机构及广播电台、电视台、无线发射台、监测台、卫星地球站等	可能造成大的政治影响和社会影响
	[B4.1] 数据中心	全国性证券公司、省级证券交易中心	可能造成大的经济损失和社会影响
	[B4.2] 银行	国家级银行、省级银行一级数据中心、大型商务中心和重要场所等	可能造成大的经济损失和社会影响
	[B5.1] 供水、供热	供水面积大的大、中型水厂（用水泵进行取水），重要的加压站以及大型供热厂等	可能造成社会公共秩序混乱
	[B5.2] 污水处理	国家一级污水处理厂、大中型污水处理厂	可能造成环境污染
	[B5.3] 供气	天然气城市门户站、燃气储配站、调压站（升压站、降压站）等	可能造成安全事故和环境污染
	[B5.4] 天然气运输	天然气输气干线、输气支线、矿场集气支线、矿场集气干线、配气管线、普通计量站等	可能造成安全事故和环境污染
	[B5.5] 石油运输	石油输送首站、末站、减压站和压力、热力不可逾越的中间（热）泵站及其他各类输油站等	可能造成安全事故和环境污染

续表

重要电力用户类别		重要电力用户范围	断电影响
[B]社会类	[B6.1] 民用运输机场	国际航空枢纽、地区性枢纽机场及一些普通小型机场	可能引发人身伤亡、造成重大安全事故、造成大的政治影响和社会影响
	[B6.2] 铁路、城市轨道交通、公路、隧道	铁路牵引站、国家级铁路干线枢纽站、次级枢纽站、铁路大型客运站、中型客运站、铁路普通客运站；城市轨道交通牵引站、城市轨道交通换乘站、城市轨道交通普通客运站	可能造成安全事故和大的社会影响
	[B7] 医疗卫生	三级医院	可能引发人身伤亡、造成社会影响和公共秩序混乱
	[B8.1] 五星级以上宾馆饭店	特殊定点涉外接待的宾馆、饭店及其他五星级及以上高等级宾馆	可能造成政治影响和社会公共秩序混乱
	[B8.2] 高层商业办公楼	高度超过100m的特别重要的商业办公楼、商务公寓、购物中心	可能引发人身伤亡和社会公共秩序混乱
	[B8.3] 大型超市，购物中心	营业面积在6000m^{2}以上的多层或地下大型超市及大型购物中心	可能引发人身伤亡和社会公共秩序混乱

续表

重要电力用户类别		重要电力用户范围	断电影响
[B] 社会类	[B8.4] 体育场馆、大型展览中心及其他重要场馆	国家级承担重大国事活动的会堂、国家级大型体育中心；举办世界级、全国性或单项国际比赛的场馆；举办地区性和全国单项比赛、举办地方性、群众性运动会展会；承担国际或国家级大型展览的会展中心；承担地区级展览的会展中心	可能引发人身伤亡、可能造成重大政治影响和社会公共秩序混乱

注： 1. 本分类未涵盖全部行业，其他行业可参考本分类。

2. 不同地区重要电力用户分类可参照各地区发展情况确定。

附件 4　供电电源配置典型模式

根据不同供电电源配置的实际情况和可靠性的高低，可确定以下 14 种重要电力用户供电方式的典型模式：

按照供电电源回路数分为Ⅰ、Ⅱ、Ⅲ三类供电方式，分别代表三电源、双电源、双回路供电。

1. 三电源供电：模式Ⅰ

Ⅰ.1：三路电源来自三个变电站，全专线进线。

Ⅰ.2：三路电源来自两个变电站，两路专线进线，一路环网/手拉手公网供电进线。

Ⅰ.3：三路电源来自两个变电站，两路专线进线，一路辐射公网供电进线。

2. 双电源供电：模式Ⅱ

Ⅱ.1：双电源（不同方向变电站）专线供电。

Ⅱ.2：双电源（不同方向变电站）一路专线、一路环网公网供电。

Ⅱ.3：双电源（不同方向变电站）一路专线、一路辐射公网供电。

Ⅱ.4：双电源（不同方向变电站）两路环网公网供电进线。

Ⅱ.5：双电源（不同方向变电站）两路辐射公网供电进线。

Ⅱ.6：双电源（同一变电站不同母线）一路专线、一路辐射公网供电。

附表 4－1　　典型供电模式的适用范围及其供电方式

供电模式		电源	电源点	接入方式	适用重要电力用户类别	正常/故障下电源供电方式
三电源Ⅰ	Ⅰ.1	电源1	变电站1	专线	具有极高可靠性需求，中断供电将可能危害国家安全的特别重要的电力用户，如党中央、全国人大、全国政协、国务院、中央军委等最高首脑机关办公地点等	三路电源专线进线，两供一备，两路主供电源任一路失电后热备用电源自动投切；任一路电源在峰荷时应带满所有的一二级负荷
		电源2	变电站2	专线		
		电源3	变电站3	专线		
	Ⅰ.2	电源1	变电站1	专线	具有极高可靠性需求，涉及国家安全，但位于城区中心，电源出线资源非常有限且不易改造的特别重要电力用户，如党和国家领导人及来访外国首脑经常出席的活动场所等	三路电源两路专线进线，一路环网公网供电，两供一备，两路主供电源任一路失电后热备用电源自动投切；任一路电源在峰荷时应带满所有的一二级负荷
		电源2	变电站2	专线		
		电源3	变电站2	环网公网		
	Ⅰ.3	电源1	变电站1	专线	具有极高可靠性需求，涉及国家安全，但地理位置偏远的特别重要电力用户，如国家级的军事机构和军事基地	三路电源两路专线进线，一路辐射公网供电，两供一备，两路主供电源任一路失电后热备用电源自动投切；任一路电源在峰荷时应带满所有的一二级负荷
		电源2	变电站2	专线		
		电源3	变电站2	辐射公网		

续表

供电模式		电源	电源点	接入方式	适用重要电力用户类别	正常/故障下电源供电方式
双电源Ⅱ	Ⅱ.1	电源1	变电站1	专线	具有很高可靠性需求，中断供电将可能造成重大政治影响或社会影响的重要电力用户，如省级政府机关、国际大型枢纽机场、重要铁路牵引站等	两路电源互供互备，任一路电源都能带满负荷，而且应尽量配置备用电源自动投切装置
		电源2	变电站2	专线		
	Ⅱ.2	电源1	变电站1	专线	具有很高可靠性需求，中断供电将可能造成人身伤亡或重大政治社会影响的重要电力用户，如国家级广播电台、国家级铁路干线枢纽站、国家级通信枢纽站、国家一级数据中心、三级医院等	可采用专线主供、公网热备运行方式，主供电源失电后，公网热备电源自动投切，两路电源应装有可靠的电气、机械闭锁装置
		电源2	变电站2	环网公网		
	Ⅱ.3	电源1	变电站1	专线	具有很高可靠性需求，中断供电将可能造成重大政治社会影响的重要电力用户，如城市轨道交通牵引站、承担重大国事活动的国家级场所、国家级大型体育中心、承担国际或国家级大型展览的会展中心、地区性枢纽机场等	可采用专线主供、公网热备运行方式，主供电源失电后，公网热备电源自动投切，两路电源应装有可靠的电气、机械闭锁装置
		电源2	变电站2	辐射公网		

续表

供电模式		电源	电源点	接入方式	适用重要电力用户类别	正常/故障下电源供电方式
双电源Ⅱ	Ⅱ.4	电源1	变电站1	环网公网	具有很高可靠性需求，中断供电将可能造成重大社会影响的重要电力用户，如铁路大型客运站、城市轨道交通大型换乘站等	可采用双电源各带一台变压器，低压母线分段运行方式，双电源互供互备，要求每台变压器在峰荷时至少能够带满全部的一二级负荷
		电源2	变电站2	环网公网		
	Ⅱ.5	电源1	变电站1	辐射公网	具有很高可靠性需求，中断供电将可能造成较大范围社会公共秩序混乱或重大政治影响的重要电力用户，如特别重要的定点涉外接待宾馆、举办全国性和单项国际比赛的场馆等人员特别密集场所等	双电源可采用母线分段、互供互备运行方式；公网热备电源自动投切，两路电源应装有可靠的电气、机械闭锁装置
		电源2	变电站2	辐射公网		
	Ⅱ.6	电源1	变电站1（不同母线）	专线	不具备来自两个方向变电站条件，具有较高可靠性需求，中断供电将可能造成人身伤亡、重大经济损失或较大范围社会公共秩序混乱的重要电力用户，如石油输送首站和末站、天然气输气干线、大型的井工煤矿、石化、冶金等高危企业、供水面积大的大型水厂、污水处理厂等	由于用户不具备来自两个方向变电站条件，但又具有较高可靠性需求，可采用专线主供、公网热备运行方式，主供电源失电后，公网热备电源自动投切，两路电源应装有可靠的电气、机械闭锁装置
		电源2	变电站1（不同母线）	辐射公网		

续表

供电模式		电源	电源点	接入方式	适用重要电力用户类别	正常/故障下电源供电方式
双电源Ⅱ	Ⅱ.7	电源1	变电站1（不同母线）	辐射公网	不具备来自两个方向变电站条件，有较高可靠性需求，中断供电将可能造成重大经济损失或较大范围社会公共秩序混乱的重要电力用户，如天然气输气支线、中型的井工煤矿、石化、冶金等高危企业、中型水厂、污水处理厂等	由于涉及一些地点偏远的高危该类用户，进线电源可采用母线分段、互供互备运行方式；要求公网热备电源自动投切，两路电源应装有可靠的电气、机械闭锁装置
		电源2	变电站1（不同母线）	辐射公网		
双回路Ⅲ	Ⅲ.1	电源1	变电站1	专线	不具备来自两个方向变电站条件，具有较高可靠性需求，中断供电将可能造成较大社会影响的重要电力用户，如市政府部门、各市广播电视总台及发射塔、普通机场等	两路电源互供互备，任一路电源都能带满负荷，而且应尽量配置备用电源自动投切装置
		电源2	变电站1	专线		
	Ⅲ.2	电源1	变电站1	专线	不具备来自两个方向变电站条件，具有较高可靠性需求，中断供电将可能造成较大社会影响的重要电力用户，如国家二级通信枢纽站、国家二级数据中心、一般市及省辖市的重点医院等重要电力用户	两路电源互供互备，任一路电源都能带满负荷，而且应尽量配置备用电源自动投切装置
		电源2	变电站1	环网公网		

续表

供电模式		电源	电源点	接入方式	适用重要电力用户类别	正常/故障下电源供电方式
双回路Ⅲ	Ⅲ.3	电源1	变电站1	专线	不具备来自两个方向变电站条件，具有较高可靠性需求，中断供电将可能造成重大经济损失或一定范围社会公共秩序混乱的重要电力用户，如汽车、造船、飞行器、发电机、锅炉、汽轮机、机车、机床加工等机械制造企业，达到一定供水面积的中型水厂、污水处理厂等	由于部分是工业类重要电力用户，采用专线主供、公网热备运行方式，主供电源失电后，公网热备电源自动投切，两路电源应装有可靠的电气、机械闭锁装置
		电源2	变电站1	辐射公网		
	Ⅲ.4	电源1	变电站1	辐射公网	不具备来自两个方向变电站条件，具有较高可靠性需求，中断供电将可能造成较大经济损失或一定范围社会公共秩序混乱的重要电力用户，如一定规模的重点工业企业、高度超过100m的特别重要的商业办公楼等	由于该类用户一般容量不大，可采用两路电源互供互备，任一路电源都能带满负荷，且应配置备用电源自动投切装置
		电源2	变电站1	辐射公网		

Ⅱ.7：双电源（同一变电站不同母线）两路辐射公网供电。

3. 双回路供电：模式Ⅲ

Ⅲ.1：双回路专线供电。

Ⅲ.2：双回路一路专线、一路环网公网进线供电。

Ⅲ.3：双回路一路专线、一路辐射公网进线供电。

Ⅲ.4：双回路两路辐射公网进线供电。

根据国家或行业对于重要电力用户的相关标准，重要电力用户应尽量避免采用单电源供电方式。

附表4-1给出了典型供电模式的适用范围及其供电方式。

附件5　自备应急电源配置典型模式

为了引导重要电力用户的自备应急电源配置，附表5-1列出了不同类型自备应急电源及自备应急电源组合的技术指标及适用范围，为重要电力用户的自备应急电源选型提供参考；附表5-2提供了自备应急电源的选择方法；附表5-3针对不同类型的工业类重要电力用户给出了自备应急电源典型配置方案；附表5-4针对不同类型的社会类重要电力用户给出了自备应急电源典型配置方案。

附表 5-1　不同类型自备应急电源及自备应急电源组合的技术指标及适用范围

序号	自备应急电源种类	容量/kW	工作方式	持续供电时间	切换时间	切换方式	使用寿命	成本	节能与环保	适用范围
1	UPS	<800	在线、热备	10～30min	<10ms	在线或STS	寿命较短，一般5～8年	造价高	电源自身发热（效率90%），同时也造成了电能的损耗	计算机房、实验室等，适合电阻、电容性等负载
2	动态UPS	<1700	热备	标准条件12h	0.03～2s	ATS	使用寿命较长	成本及维护费用高	热备用工作方式，噪声大，有振动，有污染	对大容量且电能质量要求高的负荷，如整条生产线
3	EPS	0.5～800	冷备、热备	60min、90min、120min等	0.1～2s	ATS	使用寿命在20年左右	约为UPS价格的60%	离线式工作，耗电0.1%左右（效率85%～95%），节能，噪声小，无振动，无公害	消防、建筑场所，适用于电阻性照明负载、电感性电机、电容性负载以及混合负载，带载能力强

续表

序号	自备应急电源种类	容量/kW	工作方式	持续供电时间	切换时间	切换方式	使用寿命	成本	节能与环保	适用范围
4	HEPS	0.5～800	热备	60min、90min、120min	<10ms	STS	使用寿命在20年左右	略高于EPS，低于UPS	节能，噪声小，无振动，无公害	高强气体发电灯、医疗抢救设备、通信设备等
5	燃气发电机组	600～1250	冷备、热备	标准条件12h	0.6～1.5s	ATS或手动	使用寿命长	土建复杂设备成本较高	平时不耗电；工作时，噪声小，振动小，污染小，节能	大型建筑物、大型电信局等
6	柴油发电机组	2.5～1500	冷备、热备	标准条件12h	5～30s	ATS或手动	寿命较长，一般10年以上	成本低、辅助设施、运行费用高	平时不耗电，工作时噪声大，有振动，排烟，有污染	大型建筑物内专用发电机组
7	UPS+发电机	<350	在线、冷备、热备	标准条件12h	<10ms	在线或STS	同UPS	同UPS	同UPS	同UPS
8	EPS+发电机	2.5～800	冷备、热备	标准条件12h	0.1～2s	ATS或手动	同EPS	同EPS	同EPS	同EPS

附表 5-2　　自备应急电源选择

	应急条件需求		推荐自备应急电源	自备应急电源推荐理由
	允许停电时间	容量/kW		
重要负荷	0s	0～400	UPS	目前只有 UPS 在线工作方式能够满足零秒的切换，其他自备应急电源均很难满足
		400～1700	动态 UPS	大容量零秒切换的应急发电机目前最优的是动态 UPS，将 UPS 与发电机组合的方式价格贵且性能低
	ms	0～10	UPS	ms 级切换的自备应急电源主要有 UPS、HEPS 和动态 UPS 三种，其中 HEPS 和动态 UPS 容量普遍较大，因此在 10kW 内首选 UPS
		10～300	UPS/HEPS	10～300kW，自备应急电源可选 UPS 和 HEPS，HEPS 的价格为 UPS 的 70%～80%，但 UPS 技术相对成熟，用户可根据自身需要在二者之间选择
		300～800	HEPS	UPS 随着容量增加价格迅速增加，因此应急负荷在 300kW 以上时，建议使用大容量的 HEPS
	秒级（10s 内）	0～600	EPS	秒级的切换可以不需要高价格的毫秒级切换的自备应急电源，而符合毫秒级切换的自备应急电源主要有 EPS 和燃气发电机，在小容量应急负荷 EPS 明显具有优势，价格约为燃气发电机的 1/4，因此首选 EPS
		600～1300	燃气发电机	EPS 很难做到大容量，否则价格会突增，因此大容量秒级的应急负荷首选燃气发电机

续表

	应急条件需求		推荐自备应急电源	自备应急电源推荐理由
	允许停电时间	容量/kW		
重要负荷	分钟级	0～800	EPS/柴油发电机	EPS与柴油发电机均符合要求，EPS比柴油发电机贵大约40%，但EPS比柴油发电机节能、省电，因此用户可根据自身需求对二者进行选择
		800～1700	柴油发电机	EPS很难做到大容量，因此首选柴油发电机，其性价比最高
		>2500	汽轮发电供热机组（包括热电联产）	企业电网有功电力缺额超过柴油发电的容量，只有保有旋转备用的自备热电站的汽轮发电供热机组，才能避免重要负荷被甩掉

说明：

（1）附表5-1、附表5-2所推荐的自备应急电源，只是根据重要负荷的应急需求条件，给出性价比较好的推荐结果，并不是标准的唯一结果。

（2）用户可以根据自身的需求考虑，来对自备应急电源进行选择。例如，可以将具有毫秒级切换能力的自备应急电源应用于秒级切换需求的应急负荷，或者将具有秒级切换能力的自备应急电源应用于分钟级切换需求的应急负荷等。

（3）自备应急电源技术本身在不断地发展，在附表5-1、附表5-2中所使用的数据以及边界条件等，主要是根据目前主流的自备应急电源技术条件所确定的，未涵盖所有自备应急电源类型，随着自备应急电源技术条件的提高，表中所列的技术条件也应进行相应的调整。

附表 5－3　工业类重要电力用户自备应急电源典型配置

重要电力用户类别		保安负荷名称	允许停电时间	配置用户自备应急电源种类	工作方式	后备时间	切换时间	切换方式
[A1] 煤矿及非煤矿山		应急照明	≤1min	蓄电池/UPS/EPS	在线/热备	>30min	<5s	STS/ATS
		消防用电	≤1min	EPS/柴油发电机	冷备/热备	>60min	<30s	ATS
		通风设备	≤1min	柴油发电机	冷备/热备	30～120min	<30s	ATS
		制氮设备	≤1min	柴油发电机	冷备/热备	30～120min	<30s	ATS
		副井提升设备	≤1min	柴油发电机	冷备/热备	30～120min	<30s	ATS
		矿井监测监控系统	≤200ms	UPS	在线/热备	30～120min	几个周波	在线/ATS
		排水设备	≤10min	柴油发电机	冷备/热备	30～120min	10min	ATS/手动
		井下消防洒水给水系统	≤1min	柴油发电机	冷备/热备	30～120min	<30s	ATS
[A2] 危险化学品	[A2.1] 石油化工	应急照明	≤1min	蓄电池/UPS/EPS	在线/热备	>30min	<5s	STS/ATS
		消防用电	≤1min	EPS/柴油发电机	冷备/热备	>60min	<30s	ATS
		紧急停车及安全连锁系统	≤20ms	UPS	在线	30～120min	—	在线
		DCS 设备	≤20ms	UPS	在线	30～120min	—	在线

续表

重要电力用户类别		保安负荷名称	允许停电时间	配置用户自备应急电源种类	工作方式	后备时间	切换时间	切换方式
[A2]危险化学品	[A2.1]石油化工	监视设备	≤1min	UPS	在线/热备	30～120min	<30s	在线/STS
		空气分离装置	≤200ms	带旋备用的汽轮发电机组	在线	长期	—	在线
		压缩空气站、仪用压缩空气站、循环水场、低硅水车间、工业水车间、泵房、污水处理厂、火炬系统、生产调度系统、信息系统、供电调度系统、供热调度系统、自备电厂厂用电系统	≤1min	带旋备用的汽轮发电机组	在线	长期	<30s	在线
	[A2.2]盐化工	应急照明	≤1min	蓄电池/UPS/EPS	在线/热备	>30min	<5s	STS/ATS
		消防用电	≤1min	EPS/柴油发电机	冷备/热备	>60min	<30s	ATS

续表

重要电力用户类别		保安负荷名称	允许停电时间	配置用户自备应急电源种类	工作方式	后备时间	切换时间	切换方式
[A2]危险化学品	[A2.2]盐化工	紧急停车及安全连锁系统	≤20ms	UPS	在线	30～120min	—	在线
		DCS设备	≤20ms	UPS	在线	30～120min	—	在线
		监视设备	≤1min	UPS	在线/热备	30～120min	<1min	在线/STS
		氯处理环节	≤1min	柴油发电机	冷备/热备	30～120min	<30s	ATS
		化学品库	≤10min	柴油发电机	冷备/热备	30～120min	<30s	ATS
	[A2.3]煤化工	应急照明及疏散照明	≤1min	蓄电池/UPS/EPS	在线/热备	>30min	<5s	STS/ATS
		消防用电	≤1min	EPS/柴油发电机	冷备/热备	>60min	<30s	ATS
		DCS系统	≤20ms	UPS	在线	30～120min	—	在线
		车间监控设备	<1min	UPS	在线/热备	30～120min	≤200ms	在线/STS
		紧急停车系统	≤20ms	UPS	在线	30～120min	—	在线
		循环泵	≤1min	柴油发电机	冷备/热备	30～120min	<30s	ATS
	[A2.4]精细化工	应急照明及疏散照明	≤1min	蓄电池/UPS/EPS	在线/热备	>30min	<5s	STS/ATS

续表

重要电力用户类别		保安负荷名称	允许停电时间	配置用户自备应急电源种类	工作方式	后备时间	切换时间	切换方式
[A2]危险化学品	[A2.4]精细化工	消防设施	≤1min	EPS/柴油发电机	冷备/热备	>60min	<30s	ATS
		纯净水制备系统	≤10min	柴油发电机	冷备/热备	30～120min	<10min	ATS/手动
		车间监控设备	≤1min	UPS	在线/热备	30～120min	≤200ms	在线/STS
		空气净化设备	≤10min	柴油发电机	冷备/热备	30～120min	<10min	ATS/手动
		反应釜	≤200ms	UPS	在线/热备	30～120min	≤200ms	在线/STS
[A3]冶金		应急照明	≤1min	蓄电池/UPS/EPS	在线/热备	>30min	<5s	STS/ATS
		冷却水泵	≤1min	柴油发电机	冷备/热备	30～120min	<10min	ATS/手动
		风机	≤10min	柴油发电机	冷备/热备	30～120min	<10min	ATS/手动
		消防设施	≤1min	EPS/柴油发电机	冷备/热备	>60min	<30s	ATS
		紧急停车系统	≤20ms	UPS	在线	30～120min	—	在线
[A4]电子及制造业	[A4.1]芯片制造	应急照明及疏散照明	≤1min	蓄电池/UPS/EPS	在线/热备	>30min	<5s	STS/ATS
		消防设施	≤1min	EPS/柴油发电机	冷备/热备	>60min	<30s	ATS
		ITCIM设备	≤200ms	动态UPS	热备	持续供电	≤200ms	ATS
		自动送板机	≤200ms					

续表

重要电力用户类别		保安负荷名称	允许停电时间	配置用户自备应急电源种类	工作方式	后备时间	切换时间	切换方式
[A4]电子及制造业	[A4.1]芯片制造	刮锡机	≤200ms	动态 UPS	热备	持续供电	≤200ms	ATS
		焊膏印刷机	≤200ms					
		高速贴片机	≤200ms					
		波峰焊炉	≤200ms					
	[A4.2]显示器生产	应急照明及疏散照明	<1min	蓄电池/UPS/EPS	在线/热备	>30min	<5s	STS/ATS
		消防设施	<1min	EPS/柴油发电机	冷备/热备	>60min	<30s	ATS
		光刻工艺（涂布机曝光机）	≤200ms	动态 UPS	热备	持续供电	≤200ms	ATS
		取向排列工艺（摩擦机）	≤200ms					
		丝印制盒工艺（丝网印刷机、喷粉机、贴合机、热压机）	≤200ms					
		切割工艺（切割机和裂片机）	≤200ms					

续表

重要电力用户类别		保安负荷名称	允许停电时间	配置用户自备应急电源种类	工作方式	后备时间	切换时间	切换方式
[A4]电子及制造业	[A4.2]显示器生产	液晶灌注及封口工艺（液晶灌注机和整平封口机）	≤200ms	动态 UPS	热备	持续供电	≤200ms	ATS
		贴片工艺（切片机、贴片机、偏光片除泡机）	≤200ms					
		净化系统的空调（冷冻机、冷却泵、热水泵、空气处理）	≤10min	柴油发电机	冷备/热备	30～120min	<10min	ATS/手动
	[A4.3]机械制造	应急照明及疏散照明	≤1min	蓄电池/UPS/EPS	在线/热备	>30min	<5s	STS/ATS
		消防设施	≤1min	EPS/柴油发电机	冷备/热备	>60min	<30s	ATS
		测试台	≤200ms	UPS	在线/热备	30～120min	≤200ms	在线/STS
		高频炉	≤10min	柴油发电机	冷备/热备	30～120min	<30s	ATS

附表 5-4　　**社会类重要电力用户自备应急电源典型配置**

重要电力用户类别	保安负荷名称	允许停电时间	配置自备应急电源种类	工作方式	后备时间	切换时间	切换方式
[B1] 通信	开关电源、传输设备、上网数据设备、上网用交换机设备、语音交换数据设备、计算机系统、机房空调	≤800ms	UPS/UPS+发电机	在线/热备	30～120min	≤800ms	在线/STS
	空调	≤1min	EPS/柴油发电机组	热备/冷备	30～120min	<30s	ATS
	服务器、传输设备、交换机	≤800ms	UPS	在线	30～120min	—	在线
[B2] 新闻媒体	消防用电机	≤1min	EPS/柴油发电机组	热备/冷备	>60min	<30s	ATS
	应急照明	≤1min	蓄电池/UPS/EPS	热备/冷备	>30min	<5s	ATS
	演播室、直播机房、真播系统、总控机房、监测机房、节目集成平台、节目传输系统	≤800ms	UPS+发电机	在线/热备	30～120min	≤800ms	在线/STS

续表

重要电力用户类别		保安负荷名称	允许停电时间	配置自备应急电源种类	工作方式	后备时间	切换时间	切换方式
[B3]金融数据中心	[B3.1]重要信息系统	微波传输设备、程控交换机、移动集群通信、调度中心、卫星通信设施	≤800ms	UPS	在线/热备	30～120min	≤800ms	在线/STS
	[B3.2]金融业	服务器、交换机、磁盘阵列、通信终端、一般银行的防盗照明、大型银行营业厅及门厅照明、应急照明、机房的精密空调	≤800ms	UPS/UPS+发电机	在线/热备	30～120min	≤800ms	在线/STS
[B4]公用事业	[B4.1]供水、供热	SCADA控制系统、一氧化碳报警器电动阀门	≤1min	UPS/EPS	热备/冷备	30～120min	＜1min	在线/STS
	[B4.2]污水处理	应急照明	≤1min	蓄电池/UPS/EPS	热备/冷备	＞30min	＜5s	ATS
		消防设施	≤1min	EPS/柴油发电机组	热备/冷备	＞60min	＜30s	ATS
		计算机系统中央监控站、PLC控制站	≤1min	UPS	在线/热备	30～120min	≤800ms	在线/STS

续表

重要电力用户类别		保安负荷名称	允许停电时间	配置自备应急电源种类	工作方式	后备时间	切换时间	切换方式
[B4]公用事业	[B4.3]供气	SCADA控制系统、一氧化碳报警器电动阀门	≤1min	UPS/EPS	热备/冷备	30～120min	<1min	在线/STS
[B5]交通运输	[B5.1]民用运输机场	指挥调度、安保监控	≤800ms	UPS	在线	>60min	—	在线
		助航灯光	1s	UPS	在线	>60min	—	在线
		航站楼、空中交通管制、导航、通信、气象、助航灯光系统设施和台站电源、站坪照明；边防、海关的安全检查设备的电源；航班预报设备的电源；三级以上油库的电源；为飞行及旅客服务的办公用房及旅客活动场所的应急照明	≤1min	UPS/EPS	热备/冷备	>30min	<5s	ATS

续表

重要电力用户类别		保安负荷名称	允许停电时间	配置自备应急电源种类	工作方式	后备时间	切换时间	切换方式
[B5]交通运输	[B5.2]铁路	自用变、通信终端、信号、控制系统、电动岔道	≤800ms	UPS	在线	30～120min	—	在线
	[B5.3]地铁	应急照明	≤1min	蓄电池/UPS/EPS	热备/冷备	>30min	<5s	ATS
		消防设施	≤1min	EPS/柴油发电机组	热备/冷备	>60min	<30s	ATS
		信号系统、售票系统	ms	UPS	在线	30～120min	—	在线
[B6]医疗卫生		应急照明、疏散照明	≤1min	蓄电池/UPS/EPS	热备/冷备	>30min	<5s	ATS
		消防设施	≤1min	EPS/柴油发电机组	热备/冷备	>60min	<30s	ATS
		手术部的手术室、术前准备、术后复苏、麻醉、急诊抢救、血液病净化室、产房、早产儿室、重症监护、血液透析、心血管DSA，上述环境的照明及生命支持系统	≤10ms	UPS+发电机	在线	持续到恢复供电	<10ms	ATS

续表

重要电力用户类别	保安负荷名称	允许停电时间	配置自备应急电源种类	工作方式	后备时间	切换时间	切换方式
[B6]医疗卫生	上条所述环境及急诊诊室、急诊观察处置、手术部的护士站、麻醉办、石膏室、冰冻切片、制作消毒辅料、功能检查、内窥镜检查、泌尿科、影像科大型设备、放射治疗设备、核医学设备及试剂储存、分装、计量等、高压氧舱、输血科贮血、病理科取材、制片、镜检、医用气体供应系统	<0.5s	动态 UPS	热备	持续到恢复供电	<0.5s	ATS
	大型生化仪器	<0.5s	动态 UPS	热备	持续到恢复供电	—	ATS

续表

重要电力用户类别	保安负荷名称	允许停电时间	配置自备应急电源种类	工作方式	后备时间	切换时间	切换方式
[B6] 医疗卫生	计算机系统（开药、挂号、处方），机房						
	交换机	≤1min	UPS	在线/热备	30～120min	毫秒级	在线/STS
	太平间动力、消防泵等消防安全设施、电梯、等动力负荷	≤30ms	发电机	冷备	持续到恢复供电	<30s	ATS
[B7] 人员密集场所	消防设施	≤1min	EPS/柴油发电机组	热备/冷备	>60min	<30s	ATS
	应急照明	≤1min	蓄电池/UPS/EPS	热备、冷备	>30min	<5s	ATS
	红外线探测、电视监视、经营管理用计算机系统电源、高级客房、水泵房、弱电设备、部分电梯、门厅、主要通道及营业厅部分照明	≤1min	蓄电池/UPS/EPS	热备/冷备	30～120min	<5s	ATS

注：本配置模式未含及全部保安负荷，其他保安负荷的应急电源配置可参考本模式。

附件6　客户安全用电服务有关法规、规程、规定部分条款摘录

附表6-1　客户安全用电服务有关法规、规程、规定部分条款摘录

类别	法规、规程、规定名称	有关条款内容
免责规定	《供用电合同》	38.5　用电人应对其设备的安全负责，供电人不承担因被检查设备不安全引起的任何直接损坏或损害的赔偿责任
	《国家电网有限公司客户安全用电服务若干规定（试行）》[国网（营销/4）634—2019]	第二十三条　第（4）款用户对其设备的安全负责，供电企业不承担因被检查设备不安全引起的任何直接损坏或损害的赔偿责任
安全隐患治理	《中华人民共和国电力法》	第三十二条　用户用电不得危害供电、用电安全和扰乱供电、用电秩序。对危害供电、用电安全和扰乱供电、用电秩序的，供电企业有权制止。 第六十五条　违反本法第三十二条规定，危害供电、用电安全或者扰乱供电、用电秩序的，由电力管理部门责令改正，给予警告；情节严重或者拒绝改正的，可以中止供电，可以并处五万元以下的罚款
	《电力供应与使用条例》	第二十四条　供电企业应当按照国家标准或者电力行业标准参与用户受送电装置设计图纸的审核，对用户受送电装置隐蔽工程的施工过程实施监督，并在该受送电装置工程竣工后进行检验；检验合格的，方可投入使用

续表

类别	法规、规程、规定名称	有关条款内容
安全隐患治理	《供电监管办法》（电监会27号令）	第九条　供电企业发现用电设施存在安全隐患，应当及时告知用户采取有效措施进行治理。用户应当按照国家有关规定消除用电设施安全隐患。用电设施存在严重威胁电力系统安全运行和人身安全的隐患，用户拒不治理的，供电企业可以按照国家有关规定对该用户中止供电
	《供电营业规则》	第六十六条　在发供电系统正常情况下，供电企业应连续向用户供应电力。但是，有下列情形之一的，须经批准方可中止供电：1. 对危害供用电安全，扰乱供用电秩序，拒绝检查者；2. 受电装置经检验不合格，在指定期间未改善者；3. 用户注入电网的谐波电流超过标准，以及冲击负荷、非对称负荷等对电能质量产生干扰与妨碍，在规定期限内不采取措施者；4. 拒不在期限内拆除私增用电容量者；5. 拒不在期限内交付违约用电引起的费用者；6. 违反安全用电、计划用电有关规定，拒不改正者；7. 私自向外转供电力者。 有下列情形之一的，不经批准即可中止供电，但事后应报告本单位负责人：1. 不可抗力和紧急避险；2. 确有窃电行为
	DL 493—2015《农村低压安全用电规程》	4.1.5　用户应采取有效措施消除用电设施存在的安全隐患。对存在可能威胁人身、设备及公共安全的严重安全隐患拒不治理的，供电企业依法停止对该用户供电

续表

类别	法规、规程、规定名称	有关条款内容
安全隐患治理	《国家电网有限公司客户安全用电服务若干规定（试行）》[国网（营销/4）634—2019]	第二十三条　主动跟踪客户用电安全情况，及时督促客户消除安全隐患。1. 应建立用电检查电子化记录，按照一户一档的要求，对高危及重要用户相关档案进行集中化、电子化管理。2. 对客户用电安全隐患，应提出整改意见，以书面形式告知客户，并由客户签收。3. 指导帮助并督促客户完成安全隐患整改，对于客户不实施安全隐患整改并危及电网或公共用电安全的，应立即报告当地政府电力主管部门、安全生产主管部门和相关部门，按照规定程序予以停电
停电处理程序	《供电营业规则》	第六十七条　除因故中止供电外，供电企业需对用户停止供电时，应按下列程序办理停电手续：1. 应将停电的用户、原因、时间报本单位负责人批准。批准权限和程序由省电网经营企业制定；2. 在停电前 3～7d 内，将停电通知书送达用户，对重要用户的停电，应将停电通知书报送同级电力管理部门；3. 在停电前 30min，将停电时间再次通知用户一次，方可在通知规定时间实施停电。 第六十九条　引起停电或限电的原因消除后，供电企业应在 3d 内恢复供电。不能在 3d 内恢复供电的，供电企业应向用户说明原因
受电装置检验	DL 493—2015《农村低压安全用电规程》	4.1.4　用户新装、变更供电方案相关图纸等应经供电企业审核。安装工程结束后，供电企业组织现场检验，检验不合格的，供电企业严禁供电

续表

类别	法规、规程、规定名称	有关条款内容
漏电保护	DL 493—2015 《农村低压安全用电规程》	4.1.2 农村用户应安装剩余电流动作保护电器。未按规定要求安装使用的，供电企业有权依法中止供电。剩余电流动作保护电器应符合GB/Z 6829《剩余电流动作保护电器的一般要求》规定。 4.2.2 用户应安装合格的户用和末级剩余电流动作保护电器，不得擅自解除、退出运行。 4.3.2 盖屋建房、排水灌溉、脱粒打稻等需在公用线路搭接电源的临时用电，应向当地供电企业办理临时用电申请。临时用电表箱内应安装合格的剩余电流动作保护电器。供电前应向用户交代临时安全用电注意事项，使用结束后及时拆除。临时用电期间，用户应设专人看管临时用电设施。 4.3.3 农业生产中使用的移动式抽水泵，农村家庭生活使用的潜水泵，以及养殖、制茶、大棚种植等需要使用的电动机械，因工作环境相对潮湿、高温、易污染，用户应遵循下列规定：必须安装单台设备专用的剩余电流动作保护电器（末级保护）
自备电源&分布式电源	DL 493—2015 《农村低压安全用电规程》	4.6.1 用户自备电源、不并网电源的安装和使用，应符合中华人民共和国国务院令〔1996〕196号《电力供应与使用条例》的规定要求。凡有自备电源或备用电源的用户，应装设在电网停电时能有效防止向电网反送电的安全装置（如联锁、闭锁装置等）；在投入运行前，应向当地供电企业提出申请并签订安全协议。禁止用户自备电源与公用电网共用中性线。 4.6.2 凡需并网运行的农村小型分布式电源（风力发电、光伏发电、小型发电机等），应与供电企业依法签订并网协议后方可并网运行

附件 7　客户安全用电服务作业指导书

附表 7－1　　客户安全用电服务作业指导书

序号	客户类别	安全用电服务内容
1	10kV（6kV）及以上高压客户	一、客户受（送）电装置中电气设备及相应的设施运行安全状况： （一）变压器 （1）油浸式电力变压器上层油温一般不宜超过 85℃，最高不得超过 95℃，温升不得超过 55℃。 （2）变压器是否在规定的使用条件下，按铭牌规定容量运行，应避免过负荷运行。 （3）变压器有无不正常异声、异味。 （4）变压器外壳接地线及铁芯经小套管接地的引下线接地是否良好。 （5）套管及引线接头有无发热及变色现象，套管是否清洁，有无破损、裂纹、放电痕迹等缺陷情况。 （6）防爆管及防爆玻璃不得有渗油或损坏现象。 （7）有载调压开关及冷却装置状况，电源自动切换及信号情况；油枕、套管的油色正常，油位应在相应环境温度的监视线上。 （8）气体继电器内有无气体及渗漏油现象，连接的油门是否打开。 （9）各连接部件接缝处无渗漏油现象，接地线应牢固无断股。 （10）温度控制装置动作是否正常，冷却风机是否正常工作。 （11）呼吸器变色硅胶变色是否正常，有无堵塞现象。 （12）其他外观检查有无脱漆、锈蚀、裂纹、渗油、明显螺栓松动等现象。

续表

序号	客户类别	安全用电服务内容
1	10kV（6kV）及以上高压客户	（二）高压成套柜、装置 （1）高压成套柜应具备五防功能（具备防误分、误合断路器，防止带负荷分、合隔离开关或隔离插头，防止接地刀闸合上时或带接地线送电，防止带电合接地刀闸或挂接地线，防止误入带电间隔）。 （2）高压成套柜内部应有用来实现五防的机械连锁，并应有足够的机械强度，且操作灵活，外部机械挂锁齐全。 （3）高压成套柜开关仓面板上开关分闸、合闸位置指示灯、弹簧已储能指示灯、手车试验位置、工作位置指示灯应指示正常。 （4）通过观察窗检查，一次铜排表面有无腐蚀、变色现象，电缆有无放电现象，观察窗上是否有水汽，所有绝缘件是否完整，有无损伤、裂纹、放电痕迹，电压、电流互感器表面是否清洁，是否有损伤、裂纹、放电痕迹。 （5）其他外观检查柜体有无变形，锈蚀程度如何，各门、面板及锁是否完整且关闭正常。 （三）高压进线断路器、高压跌落式熔断器、负荷开关（柜、间隔） （1）检查断路器是否正常：老式断路器油位正常，不渗油，SF_6 断路器应压力正常，无任何闭锁信号，并附有压力温度关系曲线。位置显示装置、带电显示装置工作指示正确，机构箱内有防潮、驱潮措施，箱门关闭严密，液压操作机构亦应不渗漏油，其压力在规定范围之内。 （2）闸刀（隔离开关）及负荷开关的固定触头与可动触头接触良好，无发热现象；操作机构和传动装置应完整、无断裂；操作杆的卡环和支持点应不松动、不脱落。 （3）负荷开关的消弧装置是否完整无损。

续表

序号	客户类别	安全用电服务内容
1	10kV（6kV）及以上高压客户	（4）高压熔断器的熔丝管是否完整、无裂纹，导电部分应接触良好，保护环不应缺损或脱落。 （5）高压跌落式熔断器、熔丝管应无变形，接触良好，无滋火现象。 （6）断路器内有无放电声和电磁振动声。 （四）母线TV柜 电压互感器一、二次熔丝接触良好，电压表指示正常。 （五）高压电容器、调相器 （1）电容器、调相器运行电压在正常运行范围内。 （2）内部有无不正常声响，有无放电痕迹。 （六）直流屏、控制屏 （1）表计指示是否正常，指示灯应明亮，直流装置内部无异常声响。直流元件无损坏、发热、焦臭气味。 （2）所有表计指示是否正常，有无指针弯曲、卡死等现象。 （3）各仪表有无停转、倒转等不正常现象。 （4）检查浮充电运行的蓄电池、浮充电电流、硅整流工作指示是否正常。 （七）低压开关柜、出线柜 （1）负荷分配应正常。电路中各连接点无过热现象，三相负荷、电压应平衡。电路末端电压降未超出规定。 （2）各低压设备内部应无异声、异味，表面应清洁。 （3）工作和保护接地连接良好，无锈蚀断裂现象。 （4）柜上二次显示设备是否显示正常，有无缺损。 （5）其他外观检查柜体有无变形，锈蚀程度如何，各门、面板及锁是否完整且关闭正常。

续表

序号	客户类别	安全用电服务内容
1	10kV（6kV）及以上高压客户	（八）低压无功补偿柜 （1）电容器经常运行电压在正常运行范围内，不得超过额定电压的5%，短时运行电压不得超过10%。 （2）电容器经常运行电流不得超过额定值电流的130%（包括谐波电流），而三相不平衡电流不应超过10%。 （3）电解电容器是否有漏液，“冒顶”和膨胀等现象。 （4）熔断器熔断或断路器跳闸。 （5）电容器内部有无不正常声响、有无放电痕迹。 （九）低压出线电缆 （1）引入室内的电缆穿管处是否封堵严密。 （2）沟道盖板是否完整无缺，电缆沟内有无积水及杂物，电缆支架是否牢固，有无锈蚀现象。 （3）电缆的各种标示牌是否脱落，裸铅包电缆的铅包有无腐蚀现象。 （4）引线与接线端子连接是否良好，有无发热现象，芯线或引线的相间及其对地距离是否符合规定、相位颜色明显。 （十）四防一通措施 变配电室是否满足防雨雪、防汛、防火、防小动物、通风良好的要求，并应装设门禁措施。 （十一）变（配）电站（所）管理情况 （1）进门通道是否畅通。 （2）站内积灰是否严重、是否有漏水现象、有无杂物堆积。 （3）电缆沟盖板是否完好，是否安装紧密，空隙和孔洞是否全部封堵紧密。 （4）配电室门窗完整，照明、通风良好，温湿度正常。

续表

序号	客户类别	安全用电服务内容
1	10kV（6kV） 及以上高压客户	（5）模拟图与实际设备一致。 （6）高低压设备双重编号齐全。 二、客户自备应急电源和非电性质的保安措施 （1）应具备与供电公司签订的自备发电机组相关协议。 （2）不得擅自改变已批准的自发电的主接线方案，拆除联锁装置或移位，确需变更，应到供电公司办理有关手续。 （3）自备应急电源与电网电源之间必须安装安全可靠的联锁装置，防止向电网倒送电。 （4）自发电装置应定期检查，每月应做一次传动试验，定期检查起动操作电源蓄电池的运行状况良好、电压正常，自动投切装置、联锁装置、接地装置运行良好。 （5）客户失去全部电源后，为保证安全，应具备非电性质的应急手段和方法。 三、客户反事故措施： （一）反事故预案执行情况 （1）是否编制电力反事故预案。 （2）是否定期开展反事故演习。 （二）规章制度执行情况 （1）各类制度是否建立：①人员岗位责任制度；②交接班制度；③设备定期切换试验制度；④巡视检查制度；⑤设备检修，验收制度；⑥运行分析制度；⑦缺陷管理制度；⑧电气运行人员培训制度。 （2）各类记录是否齐全：①运行日志（含客户产权外电源线路巡视运维记录）；②开关跳闸及事故记录；③设备修试记录；④设备缺陷记录；⑤继保工作记录；⑥防雷保护及绝缘监督记录；⑦蓄电池维护记录；⑧培训记录；⑨安全活动记录；⑩外来人员记录。

续表

序号	客户类别	安全用电服务内容
1	10kV（6kV） 及以上高压客户	四、特种作业人员操作证（电工）、进网作业安全状况及作业安全保障措施 （一）检查电工配置要求 （1）35kV及以上电压等级的电力客户变（配）电所，应按四值三班轮值制配备专职运行值班电工，每班至少2人，由技术熟练者担任正值。 （2）10kV电压等级，单电源受电容量在630kVA及以上或有高压配电装置、或是多电源受电的电力客户变（配）电所，应有专职运行值班电工24h值班，每班2人。 （3）10kV电压等级，单电源受电容量在630kVA以下电力客户变（配）电所，按本单位生产情况确定值班班次和配备运行值班电工，每班至少1人，操作时至少2人。 （4）是否取得相应特种作业操作资格证。 （二）安全工器具 （1）安全工器具是否摆放整齐，配置数量是否到位。 （2）安全工器具是否定期开展绝缘测试等试验。 （3）消防设备是否齐备、超期。 五、执行需求响应、有序用电情况 （1）认真核查负控终端运行情况、终端报警信息、通信设备状态。 （2）有签约回路的需检查硬压板状态及用电设备接入情况、接入回路状况等。 六、电能计量装置、电力负荷控制装置、继电保护和自动装置、调度通信等安全运行状况 （一）电能计量装置、电力负荷控制装置 （1）检查计量箱（柜）、电能表、试验接线盒封印是否缺失，外观是否完好、封印号是否与系统记录一致、各施加封位置封印颜色是否错误。 （2）电能表检定合格证是否完好，有无脱胶或胶水粘贴痕迹，是否出现在异常位置。

续表

序号	客户类别	安全用电服务内容
1	10kV（6kV）及以上高压客户	（3）电能表外观是否存在破损、电弧灼烧。 （二）继电保护和自动装置、调度通信等安全运行状况 （1）继电保护装置的运行工况是否正常：①微机保护装置显示是否正常、保护整定是否设置正确［是否按照整定方案（定值单）要求投入运行］；②机械继电器有无外壳破损、接点卡住、变位倾斜、烧伤以及脱轴、脱焊等情况；③整定值位置是否变动；④各开关红绿灯是否与开关运行位置相符，母线电压互感器切换开关的位置与所测母线位置是否相符；⑤压板及切换开关位置是否与运行要求一致，各种信号指示是否正常，直流母线电压是否正常。 （2）保护及自动装置是否定期校验，有无超周期。 （3）信号装置警铃、喇叭、光字牌及闪光装置动作是否正确，调度通信设备是否正常。 七、受（送）电端电能质量状况 （1）客户端电能质量情况，冲击性、非线性、非对称性负荷运行情况及所采取的治理措施。 （2）无功补偿设备投运情况和功率因数情况。 （3）是否发生电压暂降、闪动、影响电网电能质量事件等。 八、设备预防性试验开展情况 （1）是否按照预防性试验规程试验期限开展预试工作。对规程中仅规定试验周期年限范围的，如1～3年，应督促客户在最长试验周期内试验。 （2）一般情况下，客户电气设备试验可参照如下周期：110kV及以上客户每年一次；35kV客户两年一次；10kV（20kV）客户三年一次；进口电气设备、特殊电气设备按有关规定执行。 九、双（多）电源客户闭锁情况 （1）联锁装置运行是否正常。 （2）是否定期开展线路切换。

续表

序号	客户类别	安全用电服务内容
2	低压客户	一、电能计量装置、电力负荷控制装置 （1）检查计量箱（柜）、电能表、试验接线盒封印是否缺失，外观是否完好、封印号是否与系统记录一致、各施加封位置封印颜色是否错误。 （2）电能表检定合格证是否完好，有无脱胶或胶水粘贴痕迹，是否出现在异常位置。 （3）电能表外观是否存在破损、电弧灼烧。 二、漏电保护装置运行情况 （1）用户漏电保护装置是否能正常运行。 （2）是否定期开展保护“试跳”。 三、安全用电宣传情况 （1）安全用电宣传是否按时开展。 （2）安全用电宣传内容是否适合低压用电客户。
3	重要客户	对于重要客户，除按照10kV（6kV）及以上高压客户的要求提供相应服务内容外，还应提供以下服务： （1）现有定级是否准确。 （2）供电电源配置与重要性等级是否匹配。重要电力客户供电电源及自备应急电源技术应符合GB/T 29328文件要求： 1）重要电力客户的供电电源应采用多电源、双电源或双回路供电。当任何一路或一路以上电源发生故障时，至少仍有一路电源应能对保安负荷持续供电。 2）特级重要电力客户应采用多路电源供电；一级重要电力客户至少应采用双电源供电；二级重要电力客户至少应采用双回路供电；临时性重要电力客户按照用电负荷的重要性，在条

续表

序号	客户类别	安全用电服务内容
3	重要客户	件允许情况下，可以通过临时敷设线路或移动发电设备等方式满足双回路或两路以上电源供电条件。 3）双电源或多路电源供电的重要电力客户，宜采用同级电压供电。但根据不同负荷需要及地区供电条件，亦可采用不同电压供电。采用双电源的同一重要电力客户，不宜采用同杆架设或电缆同沟敷设供电。 （3）是否按照要求配置自备应急电源，并加强安全使用管理。重要电力客户的自备应急电源配置应符合以下要求： 1）自备应急电源容量至少应满足全部保安负荷正常启动和带载运行的要求。 2）自备应急电源的配置应依据保安负荷的允许断电时间、容量、停电影响等负荷特性，综合考虑各类应急电源在启动时间、切换方式、容量大小、持续供电时间、电能质量、节能环保、适用场所等方面的技术性能，合理选取自备应急电源。 3）重要电力客户应具备外部应急电源接入条件，有特殊供电需求及临时重要电力客户，应配置外部应急电源接入装置。 4）自备应急电源应配置闭锁装置，防止向电网反送电。 5）检查重要客户是否制定电力事件应急预案，应急预案情况是否与现场情况一致，是否定期开展应急演练等。 （4）是否制定电力事件应急预案，应急预案情况是否与现场情况一致，是否定期开展应急演练等。

续表

序号	客户类别	安全用电服务内容
4	新业务（充换电、储能）客户	一、充换电设施运行情况 （1）供电、充电、监控系统运行正常。 （2）防锈、防水措施完备，具备锁止、急停、开门等保护功能，设备均可靠接地。 （3）消防安保设施齐全。 （4）现场无转供其他类别用电情况。 二、储能电站运行情况 （1）电池系统、电池管理系统（BMS）运行正常。 （2）储能变流器（PCS）、并网开关、隔离变压器、无功补偿装置、保护配置等应正常。 （3）消防安保设施齐全。
5	具有并网电源、自备电源（分布式光伏及其配套储能装置等）的客户	对具有并网电源、自备电源（分布式光伏及其配套储能装置等）的客户还应检查以下内容： （1）光伏组件、汇流箱、逆变器、升压变、并网开关等光伏设备运行应正常。 （2）客户侧继电保护和安全自动装置的定值设置合理，客户侧防孤岛保护与电网侧保护互相配合。 （3）现场光伏板规模与系统容量相匹配。 （4）计量装置正常，安装点未发生变化。

附件 8　安全用电服务工作联络单

客户名称		工作人员	
工作批准人 （签字）		检查日期	
检查内容：			
检查结果：			
检查 开始时间	年　月　日 时　分	检查 终结时间	年　月　日 时　分
客户代表签字	年　月　日		

附件9　安全用电建议书

编号：________________

________________客户：（户号________________）

为确保电网安全稳定运行和贵户安全稳定用电，我公司安全用电服务人员协助贵户对涉网设备和自备电源进行巡视检查，发现贵户存在以下安全用电隐患，请尽快进行整改。

一、电源配置情况

□供电电源配置不满足安全生产要求；□供电电源配置不满足重要性等级要求。

□双（多）电源存在同杆架设情况。

□客户保安负荷不明确；□客户保安负荷未全部接入自备应急电源；□自备应急电源容量未达到保安负荷的120%；□自备应急电源启动时间不满足安全要求。

□双电源/自备电源未装设可靠的机械闭锁或电气闭锁装置；□电气闭锁装置未定期试验。

□其他：

二、电气设备运行工况

□涉网设备及保护装置异常；□定值不正确；□压板投退位置不正确。

□涉网设备安全距离不足；□杆塔存在安全隐患。

□电气设备未按期开展预防性试验；□电气设备预防性

试验不合格/项目不全。

□变压器等高压设备有异响；□异味；□高温报警。

□电缆头发热严重；□电缆沟无排水措施；□电缆进出孔洞未封闭。

□设备无双重编号；□设备双重编号不完善；□常设警示牌或警示设施不齐全；□仪表指示位置不正确。

□其他：

三、用电基础管理情况

□作业电工未持证；□电工证服务单位与实际不符；□电工数量不满足要求。

□配电房无防小动物措施；□无防雨雪措施；□无防汛措施；□无防火措施；□无通风措施；□无防凝露（除湿）措施。

□安全工器具配置不满足要求。□未安装剩余电流动作保护器。

□自备线路无定期检查巡视记录。□户外设备、专线未定期采取防污闪措施。

□配电室运行值班制度、倒闸操作、现场运行规程、自备电源操作规程、维护记录等不完备。

□未制定符合行业规定的中断供电应急预案；□无非电性质保安措施。

□现场无电气主接线图；□主接线图与实际接线方式不相符。

□配电室通道照明运行不正常；□应急照明配备不足。

□其他：

四、其他检查发现的隐患

根据国家有关法律规定，贵户是用电设备（含涉网设备）的产权人或管理人，负有维护管理该设备的义务。我公司对涉网设备和自备电源的巡视检查并不意味免除或减轻贵户履行用电设备的维护管理责任。我公司告知的安全隐患，贵户应尽快整改，否则，由此造成的设备损坏、人身伤害、第三方损失及影响电网运行安全等，将由贵户承担相应的法律责任。

特别申明：按照《中华人民共和国安全生产法》第十三条规定，供电企业开展用电安全检查属无偿技术服务，保证安全生产的责任仍由贵户负责，供电企业不承担因被检查设备不安全引起的任何直接损坏或损害的赔偿责任。

客户签字（盖章）：	安全用电服务人员：
联系电话：	单位公章：
年　月　日	年　月　日

附件10 隐患整改告知书

编号：________________

________________客户：（户号________________）

我公司安全用电服务人员于　　年　月　日对你户进行安全用电服务时，发现你户存在安全用电隐患。目前尚未完成全部整改，现将隐患内容再次告知如下：

根据《中华人民共和国电力法》《电力设施保护条例》《供电营业规则》等法律法规，请你户在　　年　月　日前将上述隐患整改到位，并将整改结果函告我公司，我公司将派员对整改结果进行现场确认。

凡逾期未整改或整改不到位，造成设备损坏、人员伤亡、电力安全事故等后果，一切责任及经济损失由你户负责承担。

通知人员：

单位公章：

年　月　日

附件 11　供电公司应急发电车申请表

序列号：

<table>
<tr><td>保电活动内容</td><td colspan="3"></td></tr>
<tr><td>保电时间</td><td colspan="3"></td></tr>
<tr><td>申请单位（盖章）</td><td colspan="3"></td></tr>
<tr><td>申请联系人</td><td></td><td>联系电话</td><td></td></tr>
<tr><td colspan="4">调用移动应急电源情况</td></tr>
<tr><td>容量（kVA）</td><td>车辆牌号</td><td>负责人</td><td>联系电话</td></tr>
<tr><td></td><td></td><td></td><td></td></tr>
<tr><td></td><td></td><td></td><td></td></tr>
<tr><td></td><td></td><td></td><td></td></tr>
<tr><td colspan="2">营销部审核

年　月　日</td><td colspan="2">批　准

年　月　日</td></tr>
</table>

注：请配电专业对所辖发电车做好检查工作，备足油料，于________年____月____日____时前到达________________。

附件 12　违约用电（窃电）通知书

编号：____________

____________用户：

经现场检查，确认你单位（或个人）违反《中华人民共和国电力法》及其配套管理办法的有关条款，属下列第________条行为：

1. 在供电企业的供电设施上，擅自接线用电：私接设备额定容量________ kVA（kW），窃电时间________。

2. 绕越供电企业的用电计量装置用电：计费电能表最大标定电流值所指的容量______ kVA（kW），窃电时间______。

3. 伪造或者开启供电企业加封的用电计量装置用电：计费电能表最大标定电流值所指的容量________ kVA（kW），窃电时间________。

4. 故意损坏供电企业的用电计量装置：计费电能最大标定电流值所指的容量______ kVA（kW），窃电时间______。

5. 故意使供电企业的用电计量装置不准或者失效：计费电能表最大标定电流值所指的容量________ kVA（kW），窃电时间________。

6. 采用其他方法窃电：窃电设备或计费电能表最大标定电流值所指的容量______ kVA（kW），窃电时间______。

7. 擅自改变用电类别：原类别____________，现类别______，改变类别设备容量______ kVA（kW），改变时间______。

8. 擅自超过合同约定的容量用电：合同约定容量________ kVA（kW），现实际使用容量______ kVA（kW），私增容时间________。

9. 擅自超过计划分配的用电指标：计划负荷指标________ kVA（kW），实际使用负荷________ kVA（kW），高峰时期超用________次。

10. 擅自使用已办理暂停手续或启用已被查封的电力设备：暂停、查封设备容量________ kVA（kW），擅自使用时间________。

11. 擅自迁移、更动或者擅自操作供电企业的计量装置、负控装置、供电设施以及约定由供电企业调度的用户受电设备，共________次。

12. 未经供电企业许可，擅自引入、供出电源或者将自备电源擅自并网，擅自引入、供出或并网电源容量________ kVA（kW）。

现场处理方式：________________________。

请你单位（或个人）自接到本通知书之日起________天内到________接受处理，逾期不到所引起的一切后果由贵方负责。

检查人： 检查证号： 检查日期：

用户签收： 旁 证 人： 签收日期：

检查单位公章：

附件 13　中止供电通知书（一式三份）

编号：____________

________客户：（户号________）

我公司检查人员于　　年　月　日对你户进行用电安全检查时，发现你户存在以下问题：

截至　　年　月　日，你户尚未采取有效整改措施。根据《中华人民共和国电力法》《电力设施保护条例》《供电营业规则》等法律法规，你户行为将造成以下影响：

根据有关规定，我公司将于　　年　月　日　时　分实施中止供电措施，请提前采取非电保安措施，中止供电引起的所有后果由你户负全责。

通知人员：

单位公章：

年　月　日

（抄送：×××政府部门）

备注：《供电营业规则》规定的经批准可中止供电的情形：

（1）对危害供用电安全，扰乱供用电秩序，拒绝检查者；

（2）拖欠电费经通知催交仍不交者；

（3）受电装置经检验不合格，在指定期间未改善者；

（4）客户注入电网的谐波电流超过标准，以及冲击负荷、非对称负荷等对电能质量产生干扰与妨碍，在规定限期内不采取措施者；

（5）拒不在限期内拆除私增用电容量者；

（6）拒不在限期内交付违约用电引起的费用者；

（7）违反安全用电、计划用电有关规定，拒不改正者；

（8）私自向外转供电力者。

有下列情形之一者，不经批准即可中止供电：

（1）不可抗力和紧急避险；

（2）确有窃电行为。

附件 14　重要电力客户供用电安全隐患明细表

供电单位：

序号	重要客户分类	重要客户级别	供电单位	客户名称	营业户名	客户编号	用电容量		存在的安全隐患描叙				是否下达整改通知书（下达打√）	目前整改落实情况	备注
							合同容量/kVA	运行容量/kVA	一般安全隐患	重大安全隐患	一般隐患条数	重大隐患条数			